KU KE

飞机的
发明与发展

张红琼◎主编

时代出版传媒股份有限公司
安徽美术出版社
全国百佳图书出版单位

图书在版编目（CIP）数据

飞机的发明与发展/张红琼主编 . —合肥：安徽美术出版社，
2013. 3（2021. 11 重印）

（酷科学 . 科技前沿）
ISBN 978－7－5398－4240－0

Ⅰ.①飞… Ⅱ.①张… Ⅲ.①飞机－青年读物②飞机－
少年读物 Ⅳ.①V271－49

中国版本图书馆 CIP 数据核字（2013）第 044296 号

酷科学·科技前沿
飞机的发明与发展

张红琼 主编

出 版 人：王训海
责任编辑：张婷婷
责任校对：倪雯莹
封面设计：三棵树设计工作组
版式设计：李　超
责任印制：缪振光
出版发行：时代出版传媒股份有限公司
　　　　　安徽美术出版社（http://www.ahmscbs.com）
地　　址：合肥市政务文化新区翡翠路 1118 号出版传媒广场 14 层
邮　　编：230071
销售热线：0551－63533604　0551－63533690
印　　制：河北省三河市人民印务有限公司
开　　本：787mm×1092mm　　1/16　印 张：14
版　　次：2013 年 4 月第 1 版　2021 年 11 月第 3 次印刷
书　　号：ISBN 978－7－5398－4240－0
定　　价：42.00 元

人类在很久以前就总是梦想能像鸟儿一样有一双展翅高飞的翅膀；总是梦想能在蓝天下俯瞰大地、山川、河流。1903 年 12 月 17 日，美国莱特兄弟的"飞行者"1 号成功飞行了 36.6 米，梦想终于在这一天成为了现实，人类制造出了自己的翅膀，漫长时光的希冀，漫长时光的不懈努力，人类可以像鸟儿一样飞上蓝天了。由双翼到单翼、由滑行起飞到直升直降落、由陆地起降到水上起降、由简陋到完美，飞机这个人类的智慧结晶越来越无与伦比，一直到今天，飞机将人类的步伐变得更大，使人类的运动速度更快。

飞机发明以后，它深刻地改变和影响着人们的生活。人们利用飞机到世界各地旅行，在不到一天的时间里，就飞到了地球的每个角落。此外，飞机还广泛应用于民用运输和科学研究，而且还是现代军事里的重要武器。飞机是现代生活中不可缺少的运输工具。

接下来，就让我们一起走进飞机的王国一探究竟吧！

C ONTENTS

目录

飞机的发明与发展

2

形形色色的飞机

　　能在天空中自由飞翔是许多人的梦想，1903 年莱特兄弟的"飞行者"1 号成功试飞，这激发了渴望飞翔的人们继续努力的热情。于是，飞机的发展史不断地被推进了。1911 年，英国肖特兄弟的双发动机系统，使每一个飞行员都不用担心因发动机停止工作而使飞机下降了。1942 年 7 月，德国 23 岁的奥海因经过努力，制造出了第一架喷气式飞机。一代代人的不懈努力，建构了庞大的飞机王国：直升机、水上飞机、宽体客机、强击机，还有能隐身的战斗机。

第一架升入空中的飞机

人类第一架升入空中的飞机是由莱特兄弟发明的。虽然莱特兄弟的首次升空时间不足一分钟，飞行距离不过百米，他们却开创了人类飞行的新纪元。

如果你走进美国国家航空航天博物馆参观，会发现最显赫的位置上悬挂着由莱特兄弟发明的世界上第一架飞机——"飞行者"1号。其说明词是："世界上第一架重于空气的动力飞行器。莱特兄弟驾驶它进行了自由的、可操纵的持续动力飞行。莱特兄弟依据最初的科学研究，发现了人类飞行原理。作为发明家、制造者和飞行家，他们又进一

莱特兄弟

步发展了飞机，教人们学习飞行，开创了航空历史新纪元。"

这一段平平无奇但又惊天动地的文字，谱写了一个伟大的历史创举——人类开

"飞行者"1号

2

始飞了！飞向天空，飞向宇宙！莱特兄弟发明的"飞行者"1号飞机在1903年的夏天就制造完成了。最初决定的首飞日期是当年的12月12日，但因天气不好又推迟了两天。12月14日，他们决定正式首飞，为此还从附近的救生站请来几位朋友做见证人。兄弟俩掷硬币决定由哥哥威尔伯·莱特先飞，可惜他运气欠佳，在飞机起飞时，他把机头拉高了，造成飞机失速，旋即栽下来，并陷进沙滩里。这次试飞失败了。

摔坏的飞机经过修理，于1903年12月17日进行第二次试飞。这次轮到奥维尔·莱特先飞了。当时天气寒冷，试飞的场面也颇冷清。试飞场地是基蒂·霍克以南6千米处的基尔德夫尔沙丘附近的海滩上。在场观看试飞的只有5个人，尽管前一天莱特兄弟曾贴出告示："明天上午在沙丘上空进行世界上第一次载人飞机试飞，欢迎参观。"但几乎无人相信他们会取得成功，因此，来观看者寥寥无几。

据目击者回忆，10时30分，奥维尔爬到飞机上进行驾驶。因为"飞行者"1号没有起落架，它是用带轮子的小车在滑轨上滑跑来起飞的。威尔伯扶着机翼以使飞机在滑跑时平衡，飞机向前滑行，威尔伯还跟着跑了一段。飞机迎风起飞了，但在空中飞行还不平稳，有点颠簸，最后滑下

广角镜

起落架

飞机在地面停放、滑行、起降滑跑时用于支持飞机重量、吸收撞击能量的飞机部件，称起落架。简单地说，起落架像是汽车的车轮，但比汽车的车轮复杂得多，而且强度也大得多，它能够消耗和吸收飞机在着陆时的撞击能量。

来着陆了。经测算，飞机飞行时间为12秒，飞行距离为36.6米。飞行成功了！

当天的试飞共进行了 4 次，最好成绩是哥哥威尔伯创造的：飞行时间 59 秒，飞行距离 260 米。人类首次升空的时间只有 12 秒，这短暂的飞行瞬间对于乘飞机旅行已成寻常事的今天，似乎难以成为什么激动人心的事情。但是莱特兄弟飞行瞬间的意义却非同寻常，因为它宣告了飞机的诞生和航空时代的到来。

知识小链接

发动机

发动机是一种能够把其他形式的能转化为另一种能的机器，通常是把化学能转化为机械能。发动机既适用于动力发生装置，也可指包括动力装置的整个机器（如：汽油发动机、航空发动机）。发动机最早诞生在英国，所以发动机的概念源于英语，它的本义是指那种"产生动力的机械装置"。

莱特兄弟为什么会取得成功？航空史学家在研究中发现，这并不是因为他们学识丰富，也不是因为他们比别人智商高明多少，而主要有三个因素。

一是他们继承了前人的成果，也吸取了前人失败的教训。他们几乎研读了航空先驱们所有航空方面的著作，以充实自己的理论知识，同时进行了大量的科学试验。为了准备这次试飞，他们在前三年，先后制造了 3 架滑翔机，进行了逾千次的滑翔飞行，逐步体会、掌握操纵飞机的方法。他们特别推崇德国航空先驱，被誉为"世界滑翔机之父"的李林达尔，从他的关于飞行的著作中学习航空知识，为此他们甚至攻读了德文，以便能直接阅读李林达尔的原文，这对于只受过 4 年中学教育的莱特兄弟来说无疑是很困难的。他们按照李林达尔著作的指点，利用一切时间观察鸟的飞行，研究鸟的飞行，以便从中悟出规律性的东西。有时他们爬到山顶，仰望天空中老鹰的飞行动作，一看就是几个小时，几乎到了痴迷的程度。莱特兄弟在飞机操纵系统上超过了李林达尔。李林达尔靠移动自己的身体，改变重心来操纵滑翔机飞行，而莱特兄弟则通过机械装置使整个翼尖卷曲来操纵飞机（后来靠操纵副翼来完成）。莱特兄弟在研究中发现，前人之所以未取得成功，原因在于他们只关注飞机的一个或几个方面，没有从整体上寻求解决问题的方法。

二是莱特兄弟在研制飞机上遵循了科学规律，注意理论与实践相结合。他们在航空理论上也许比较弱，这一点可以通过学习来加以弥补；但他们有丰富的机械设计经验，有很强的动手能力。他们把理论、设计、制造、试验、试飞结合起来，兄弟俩集设计师、工程师与飞行员于一身，这是很大的优势所在。

三是莱特兄弟具有勇于探索的科学精神。飞机试飞风险很大，甚至要付出生命的代价。但莱特兄弟却争先恐后地驾驶飞机进行首次飞行，互不相让，以至于要通过掷硬币来决定谁先飞。莱特兄弟说："要得到驾驭烈马的最好办法，绝不是在旁边指指点点所能完成的，最重要的是自己骑上烈马驾驭它。"正是由于这种精神，莱特兄弟终于成功驾驭"飞行者"1号这匹"烈马"，创造了划时代的飞行瞬间。

拓展阅读

莱特兄弟奖章

莱特兄弟奖章由美国自动工程师协会航空工程分会于1924年设立，用来奖励航空工程领域最佳论文的作者，授奖范围包括空气动力学、结构理论、飞机或航天器的研究、制造及驾驶等方面。评选论文的主要标准是它在学术上的创新性。

莱特兄弟首次试飞成功，并没有引起当时的新闻界和全社会的重视。虽然1906年莱特兄弟获得飞机设计专利，但也未能为他们带来商业利益。直到

1908 年，即飞机发明 5 年后，情况才有所转机：一是美国国防部与莱特兄弟达成制造飞机的协议；二是兄弟俩分别驾机在欧洲与美国进行巡回飞行表演，引起巨大的轰动，大西洋两岸都传开了莱特兄弟的名字。从此，航空时代才真正到来了。

◑ 由 "尾桨" 促成的直升机

世界上第一架直升机是由法国工程师保罗·科尼尔发明的。但由于科尼尔设计上的缺陷，直升机总是在空中打转，他的发明影响不大，也未能对后来的直升机发展产生重大影响。直到 1939 年西科尔斯基解决了打转问题，实用直升机才宣告诞生。但是令人意想不到的是，促成它的是出自一般人没有想到的"尾桨"。

1940 年，51 岁的飞机设计师西科尔斯基，在美国亲自驾驶他设计的 VS－300 直升机，有航空专家事后谈到此事时说："幸好设计者没有事先来征求我的意见！如果来问我的看法，我会首先反对他用的那个尾桨，而那却恰恰是成功的关键……"

**基本
小知识**

扭 矩

扭矩是使物体发生转动的力。发动机的扭矩就是指发动机从曲轴端输出的力矩。在功率固定的条件下它与发动机转速成反比关系，转速越快扭矩越小，反之越大，它反映了汽车在一定范围内的负载能力。

VS－300 型直升机

西科尔斯基在少年时就热衷于阅读科学书籍、科学幻想小说等。他知道400多年前意大利著名画家、科学家达·芬奇绘制过世界上第一张关于直升机结构的想象图。他在12岁时便制造了一架旋翼类飞机模型，而且确实能飞。

他酷爱飞行。莱特兄弟是他青年时代心目中至关重要的英雄人物。但此时他迷上的却是直升机。20岁时他来到法国巴黎。

1909年的巴黎是世界航空活动的中心，不少欧洲的飞行家们正热衷于飞行试验。已经有人造出几十架外形古怪的各种各样的飞机，有的根本不能飞离地面，有的只能跃起飞行几秒钟。但这些无比地鼓舞了西科尔斯基的少年壮志，他宣布了一项惊人的计划：他要设计出直升机！

竹蜻蜓是中国古代发明的一种玩具。可以注意到，世界上没有一种鸟类或昆虫是用旋翼的方式来飞行的。竹蜻蜓完全是人根据事物的原理进行的一种智慧的创造。同样产生在中国的古代玩具中，竹蜻蜓和风筝体现了两种不同的飞行方式：风筝是利用风力飞起来的，而竹蜻蜓则是利用自身的旋转造成对空气的相对运动，在静止的大气中也能飞升。

趣味点击   **竹蜻蜓**

竹蜻蜓是我国古代一大发明。玩时，双手一搓，然后手一松，竹蜻蜓就会飞上天空。旋转好一会儿后，才会落下来。这种简单而神奇的玩具，曾令西方传教士惊叹不已，将其称为"中国螺旋"。20世纪30年代，德国人根据"中国螺旋"的形状和原理发明了直升机的螺旋桨。

在人类尝试飞行的漫长历史中，这两种方式都曾被人们试探过。意大利画家达·芬奇留下的设计草图中，就有他作出的两种飞行器的设想：一种有机翼，另一种则是利用了竹蜻蜓原理。在 19 世纪末的航空先驱们试验的飞行器中，用机翼飞行的和用旋翼飞行的都有。但是，也许因为定翼类的飞机构造比较简单，需要的功率较小，所以先取得了成果，在 1903 年成功诞生。但是人类没有停止对"拔地而起"的飞行方式的向往，直升机的研制仍在不断地进行。

1909 年 5 月，西科尔斯基从法国回到自己的国家，立即开始了他的第一架直升机的研究项目。万事开头难，他的第一个作品飞不起来。第二年，他又制造了第二架直升机，还是没有成功。当时人类的飞行还处在蹒跚学步的年代，对于如何用竹蜻蜓似的旋翼将直升机托举飞升起来，也还没有找到成熟的道路。看起来要成功地研制出直升机，并不像当初设想的那样容易。西科尔斯基不得已采取了一种迂回的道路，暂时中断了他的直升机研究计划，而将精力转移到定翼飞机的研制上。在当时人类拥有的技术能力条件下，研制定翼飞机是一种更便于取得成果的方向。

从 1910 年开始，西科尔斯基以惊人的速度在 2 年内接连研制出 6 架飞机，第一架是初入门的试探，没能飞离地面。但他的第二架飞机就胜利腾空了。接着一架比一架飞得好，

拓展阅读

轰炸机

轰炸机是一座空中堡垒，除了投炸弹外，它还能投掷各种鱼雷、核弹或发射导弹。轰炸机可以分为轻型轰炸机、中型轰炸机和重型轰炸机三种类型。轻型轰炸机一般能装载炸弹 3～5 吨，中型轰炸机能装载炸弹 5～10 吨，重型轰炸机能装载炸弹 10～30 吨。

他的后 5 架飞机都飞上了天空。他的第 6 架飞机，竟然创造了乘员 3 人、速度 112 千米/时的世界纪录。

第三年，在莱特兄弟的第一架飞机升空 10 年后，他研究出当时世界上最大的"俄罗斯勇士"号飞机。这是他研制的飞机中最令后人瞩目的一架。这是世界上大型飞机的鼻祖，也是世界上第一架装有 4 台发动机的飞机。

这架飞机改变了过去飞机的驾驶员都是暴露在空气气流中的做法，而在机头部位设计了封闭式的驾驶舱。这种在后来的飞机很通用的设计，在初次出现时竟被一些人警告说，封闭的驾驶舱将使驾驶员的面部无法受到气流的冲击，使得驾驶员不能鉴别飞行的方向和风力的变化，因此将会使这种飞机无法飞行！

1913 年 5 月 13 日这天的晚上 19 时，西科尔斯基才开始为第二天的试飞进行准备。这时飞机所在的机场很空闲。当时天空还是很亮，光线很充足，最少还能保证一个小时的飞行。西科尔斯基当时虽然已经很疲劳，但根据当时的情况，他觉得试飞挺合适，于是决定驾驶这架大飞机起飞升空。

当时有驾驶员、机械员和另一人，一共 3 人在飞机上。飞机经过一段滑行后顺利地起飞了。飞机飞得相当好。飞机在离机场约 1.5 千米的地方转弯着陆。当飞机着陆后，观看到这次飞行的人群冲进机场，像潮水般拥向这架大型飞机，3 名试飞人员则站在飞机的"平台"上频频地向人群挥手致谢。

后来，西科尔斯基移居美国。初到美国时，他的境况十分拮据。但是，经过不懈的努力，他在美国又陆续研制出许多飞机型号，其中包括一些水陆两用飞机及大型水上飞机。

30 年的飞机设计生涯，使西科尔斯基从事科研开发的能力得到增强。他也从未丧失过对直升机的兴趣。他在 1931 年申请了一项直升机的专利。1937

年，他在中断直升机研究 30 年之后，重新把精力转向了这个领域。当人们问起为什么时隔 30 年又重新拾起当初放弃的项目时，他说是因为 30 年前发动机的功率只有约 18.4 千瓦，功率太小是设计不出合用的直升机来的。而再次回到这个项目时，在动力上已经有了更合适的选择。

拓展思考

升力的产生

从空气流过机翼的流线谱可以看出：相对气流流过机翼时，分成上下两股，分别沿机翼上、下表面流过，而在机翼的后缘重新汇合向后流去。因机翼表面突起的影响，上表面流线密集，流管细，其气流流速快、压力小；而下表面流线较稀疏，流管粗，其气流流速慢，压力较大。因此，产生了上下压力差。这个压力差就是空气动力（R），它垂直流速方向的分力就是升力（Y）。

经过 3 年的反复试验，西科尔斯基解决了直升机研制中的一个关键性的难题——如何克服产生升力的主桨旋翼派生出的扭矩问题。为了克服旋翼在旋转中产生的扭矩，几乎所有的直升机研制者都采用双数的旋翼相对旋转的办法。而西科尔斯基采用的是在机尾特地设置一个面向侧方的"尾桨"来平衡。这初看是一个"笨办法"，因为尾桨既不产生升力，又不产生前进的推力，其功能是专门为了克服主桨派生出的扭矩。采用尾桨的优点在于尾桨只用主桨 $\frac{1}{10}$ 的功率，因此转动系统没有形成很大的负担。而其他使用第二副主桨来平衡扭矩的办法，无论在结构的复杂性、机构的重量、功率的损耗，还是维护的成本上，代价都要大得多。

1940 年 5 月 13 日，西科尔斯基亲自对这种带尾桨的直升机进行试飞，完成了第一次自由飞行。以后经过整整一年的改进，它的留空时间已达到 1 小时 32 分。该机显示出良好的操纵性能，具备了现代直升机的基本特点，可以垂直起降，空中悬停，前飞、后飞、侧飞，并可以无动力自转。

西科尔斯基的直升机取得成功，成为航空界的一件大事。航空器的发展终于完成了一次突变，出现了一种新型的航空器。

直升机由于它的垂直起降及空中悬停能力，可以不需要机场而在狭小的面积垂直起降，因此大都用于低空的特殊需要。如担任城市或郊区的近距离交通运输任务，或用于抢险救灾，在建筑业中完成吊装任务，警察与边防的追捕及巡逻，以及农业喷洒等作业。20 世纪末，

直升机

直升机最大的用途是作为军事上的武装直升机，它对坦克及地面战斗目标能进行有效地攻击。

世界上最大的直升机

有人认为，既然直升机这么方便，它出现后一定会很快取代定翼飞机。但实际生活中这种推论并没有实现。这是因为不同的机型往往各有各的优、缺点。直升机比同样载重级别的定翼飞机耗油大，维护成本高，购置价格贵，速度则只相当于定翼机在半个世纪前达到的速度水平。所以今天直升机的总架数约只占世界航空器的 10%。直升机中大部分用于军用，因为军用主要考虑它的特有

功能，而较少考虑成本因素。

直升机已演变出其他一些形式，如少数型号采用纵列或横列的双桨式，也有采用同轴反转的双桨共轴式的。但绝大部分直升机仍然采用单桨加尾桨式，包括载重最大和最小的直升机。

◤ 混入快艇比赛的水上飞机

1911 年 3 月，在摩纳哥的蒙特卡罗举行了一次盛大的汽艇大赛。参赛的汽艇中，有一艘是法国的法布尔设计制造的。这个"长腿怪物"在一年前的法国马赛的拉梅德港试验时，在第二次高速滑行中竟然腾空飞离了水面，以 60 千米/时的速度直线飞行了大约 500 米。第二天，它又这样飞行了 6 千米。参赛的其他艇主听说这样一艘"长腿怪物"来参加快艇比赛，不禁感到大为不平。

一位艇主气愤地说："这东西到底算是汽艇还是别的什么玩意儿？快艇就必须在水面上跑。我比赛时将要带一支大口径猎枪，如果这个怪物像水鸟一样飞起来超过我，我就把它打下来，叫它回到水面和我决一高低！"这艘引起快艇选手们愤怒的怪物，正是世界上第一架水上飞机。在它下面装有三个浮筒，上面有机翼和舵面，后面是 37 千瓦的发动机，前面的驾驶员骑在自行车式的坐垫上。

法布尔是这架水上飞机的设计者。他出身于法国马赛的一个船主家庭，年轻时对工程很感兴趣。当 20 世纪初，飞机设计者已经设计出各式各样的飞机飞离地面以后，他很自然地想到把船飞起来。1907—1909 年，他花了两年时间在一艘"飞跃"试验船上对翼面上的气流做试验。他在 1910 年设计了第一架水上飞机，但是这架飞机没有飞起来。他接着设计第二架，在第二年的 3 月成功地进行了首次飞行，成为世界上第一架水上飞机。

这架飞机并不像后来的水上飞机那样是陆上飞机加上浮筒，而是反映了他原来熟悉船舶的知识背景，特地为水上起降设计的。大概出于他的"遗传性爱好"，他使这个东西飞离水面的意图，仅仅是为了想提高船的航速，所以他开着它去参加快艇比赛。

拓展思考

浮　筒

浮筒，即组合式浮动模块，它以高分子聚乙烯为原料，通过吹塑工艺加工而成，可漂浮在水面上，它是一个革命性的产品，是目前最好地解决水陆连接问题的产品。

在蒙特卡罗，这架水上飞机试飞时以优美的姿态驶出港口，在靠近港口的进出口处腾空而起，飞到 50 多米的高度，悠然向前飞去，得到岸上成千上万观众的一片喝彩。但它一飞出港口，就遇到港外的劲风，顷刻间变得难于驾驭，以惊人的速度撞毁在港口的石墙上，还好驾驶员及时跳出飞机才幸免于难。这是这架水上飞机最后的飞行。

看来法布尔对他自己的创举的意义，只限于在提高艇速上的作用，而并不在于开辟一个崭新的水上飞行世界。他在水上飞机方面的努力虽然属于创建，但浅尝辄止，

第一架水上飞机

没有继续深入下去。此后他回到对付以水为主的家传行业中去，后又转而专业生产其他水上飞机所用的浮筒。多年后有人将这架水上飞机进行修复，它如今保存在法国的博物馆。

你知道吗

涡轮螺旋桨发动机

涡轮螺旋桨发动机是一种常用于飞机上的燃气涡轮发动机。涡轮螺旋桨发动机简称涡桨发动机。其驱动原理大致与使用活塞发动机作为动力来源的传统——螺旋桨飞机相同，是以螺旋桨旋转时所产生的力量来作为飞机前进的推进力。

地球的表面，只有 30% 是陆地，而 70% 是水面。飞机活动的领域，却是 100% 包围着地球的大气。但是飞机飞行的起始和终结总是必须回到地球表面的。如果只能从陆地起降，那么飞机的使用便会受到限制。从航空发展的初期起，水上飞机就是航空开发者很关注的一个领域，经历过繁荣和低迷，今天仍在特殊用途上有不可代替的作用。因此，不断有人在成功的陆上飞机上安装浮筒，使它们能在水面起降，形成水上飞机一族。

水上飞机在 20 世纪的前半个世纪，很是风行了一阵。美国的波音公司，便是从制造水上飞机起家的。我国最早的飞机制造业是造船业的附属部门，如上海的江南造船厂和福建的马尾造船厂，它们甚至是中国最先出现的飞机工厂。

最早的环飞世界的长途飞行（中途多次降落）便使用了水上飞机，以使中途降落方便。1924 年，美国 3 架飞机编队第一次环飞地球的飞行，就曾途经上海，在黄浦江上降落。第一次世界大战之后，曾有航空刊物预言说，在民用方面，水上飞机将会有很大的吸引力，因为飞机尺寸不断加大，着陆场地的问题将越来越突出。而水上飞机可以不受限制地增大尺寸，总可以有着陆的地方，而又不会浪费土地。这样，从 20 世纪的 20 年代到 40 年代，曾经出现过一些越来越大的水上飞机。1952 年 8 月试飞的英国桑德斯·罗公司的"公主"号水上飞机可以称为是水上飞机的最大成就。该机装有 10 台涡轮螺旋桨发动机，可运载 105 名旅客，能以 620 千米/时的速度横越大西洋。但是该机并未被航空公司实际运用于空中运输。

一般说来，水上飞机的飞行阻力较大，结构较重，起降时受气候、风力的影响也比较明显。飞机的装载、维修，人员的登机、离机，都有很多不便。水上飞机的速度、载重量或航程，与同样功率的陆基飞机相比都略为逊色。

广角镜

航空港

　　民用航空机场和有关服务设施构成的整体，称为航空港。是保证飞机安全起降的基地和空运旅客、货物的集散地，包括飞行区、客货运输服务区和机务维修区三个部分。

到了 20 世纪中后期，世界各地的陆上机场建设越来越普遍，飞机的航程也越来越长，可以飞越大面积水域。水上飞机不需要特备机场起降的优点不再突出。今天在民用运输业上，跨洋的航线用远航程的喷气旅客机承担，以陆上的航空港为基地。军事上的远程轰炸也可以用陆基的战略轰炸机来执行。至于中短程的战术任务，则用舰载飞机以航空母舰为基地，而不再需

趣味点击　**反潜飞机**

　　用于搜索和攻击潜艇的海军飞机，称为反潜飞机。装有雷达、红外探测仪、航空声呐、磁力探测仪等搜潜设备和自导鱼雷、深水炸弹等反潜武器，具有低空性能好、搜索范围大、全天候作战的特点。

要飞机直接从水面起降。

到 20 世纪末，水上飞机在一些特殊用途上仍被采用，如森林灭火飞机，它可以在森林火场附近的水面着水，并在水面滑行过程中重新将水箱充水，起飞后飞临火场抛下水箱中的水进行"水轰炸"，便于快速连续作业。还有军事上的反潜飞机等。在日常生活中，小型水上飞机常用在港口或湖泊河流地区，或向岛屿作小量货运或载客。但其用量，远小于与之对应的陆基飞机。

被压制的喷气飞机

原子能

原子能又称"核能"，原子核发生变化时释放的能量，如重核裂变和轻核聚变时所释放的巨大能量。放射性同位素放出的射线在医疗卫生、食品保鲜等方面的应用也是原子能应用的重要方面。

20 世纪中叶，科学技术发展有三项重大的突破——喷气技术、原子能和电子技术。

喷气技术出现后对航空发展的影响是十分深远而广泛的。军用飞机喷气化后的飞行速度超过了声速，民用的大型干线客机的飞行速度比过去提高了 1 倍，并且在飞行高度上离开了充满风雨雷电、气流紊乱的对流层，达到平稳的平流层内，使空中旅行成为被社会广泛接受的一种便捷而又舒适的旅行方式，航空运输从而快速发展起来。

事实上，喷气发动机是在德国和英国分别被发明的。1929 年，英国的一位 22 岁的青年军官提出一种新的飞机动力装置，取消活塞式发动机和螺旋桨，用一种新的装置产生气体喷流来推动飞机前进，以使飞机飞得更高更快。当时几乎没有人认真对待年轻军官的意见。飞机没有螺旋桨？这在当时简直不可思议。英国航空部负责发动机的首席顾问检查后，彻底否定了年轻军官的设想。但在一些有技术远见的人士的支

拓展阅读

专　利

专利一词来源于拉丁语，意为公开的信件或公共文献，是中世纪的君主用来颁布某种特权的证明，后来指英国国王亲自签署的独占权利证书。专利是世界上最大的技术信息源。

持下，1930 年 1 月，年轻军官将他的发明提交英国专利局，并得到了批准。但是，过了 2 年仍没有人愿意采用这项专利。

1934 年，与英国隔着一条海峡的欧洲大陆上，德国一位23 岁的哥廷根大学物理系研究生奥海因开始考虑同一个问题——研制喷气式发动机。他把设计草图给一个汽车机械师看，机械师赞同奥海因的想法，并同意造一台试验样机。样机制成之后，外形像一个定音鼓。试验时感觉这完全是一台火焰喷射器，而不像一台发动机，从喷管里喷出长长的耀眼的火焰，光彩夺目。但

喷气发动机

是一关上启动机，发动机就停了，尚不能自行维持工作。

在英国，年轻军官的发明到1935 年仍然无人问津，而专利已经到期，要办理延期手续需要付相当于 25 美元的费用。而年轻军官连这点钱也付不出，他的喷气发动机

的专利也就此中止。幸好这时有两个商人答应建立一家公司来研制年轻军官的发动机。英国航空部同意把年轻军官"借"给该公司从事研制工作，但还规定，一个星期只借6小时，如果有商业收益，还应上缴政府25%。

在德国，1936年奥海因把他的试验样机存在的问题告诉了他的一位物理老师。教授允许他在大学里进行试验，并且给一位飞机制造商亨克尔写了一封热情的推荐信。这封信引起了亨克尔的兴趣，他给了奥海因一个职位。

就这样，在英吉利海峡的两边，英国人和德国人互不知情地同时在试验着喷气发动机。他们各自都经历了难以想象的挫折，克服了很多技术上的困难，一步一步地走向成功。

1939年，第二次世界大战爆发。如果英国从一开始就支持年轻军官的研究，这时也许可以在空中取得压倒性的优势。但是由于耽误了时间，这一年喷气式发动机刚刚可以工作。

这年年初，德国的奥海因设计的发动机也已经就绪。

到了1948年，英国政府才终于承认年轻军官——惠特尔的贡献，授予他勋章和奖金。全世界许多国家、城市、大学、专业协会也给予他无数的奖章和名誉学位。

第二次世界大战结束之后，飞机推进动力的"喷气化"成为航空发展的主要趋势。军用飞机及民用航空运输都进入了一个"喷气时代"。

▶ 险中取胜的 "空中巨无霸" 宽体客机

波音747曾是世界上最大的远程宽体民用运输机。到目前为止，它还是世界上最常用的民用客机之一。某架波音 747 的飞机有 600 万个零件，平摊开来得占满一个体育场；它的机翼面积有 524.9 平方米，足够停放 60 辆小汽车；尾翼高 19.41 米，比普通 6 层楼还高；机长 70.67 米，客舱里可乘坐多至 530 名乘客，和一个小礼堂的容量差不多。它装有 4 台大推力的涡轮风扇发动机，总共可发出 100 多万牛顿的推力，可以让 360 多吨的飞机两分钟就腾空而起。人们称它"空中巨无霸"，真是名副其实。然而，波音 747 的最早起源，仅仅源自一个孩子小小的梦想，而且研发过程中几经波折，曾多次站在夭折的边缘。波音 747 今天的成功，就是一个不放弃努力、险中取胜的过程。

20 世纪 30 年代的美国，西雅图是西海岸一座繁华而忙碌的城市，喷吐煤烟的货轮排成长龙等待进港，码头工人们开着巨大的塔吊在不断地把货物从一艘艘巨大的货轮上卸下，而在不远处的波音飞机制造工厂，一切又是另一种景象。空气中弥漫着航空

波音 747 客机

煤油的味道，耳畔响着发动机的怒吼，这个经济萧条的时期，却是航空工业快速发展和航空文化快速形成的时期。

年少的乔·萨特就是在这里，见识到了航空发展带来的巨大的魔幻般的力量。他开始梦想有朝一日，可以有一种巨大的飞船，不断穿梭于大洋之上的天空，飞到遥远的地方。

这是一个美丽的梦幻，却很快被现实击碎。1939 年 3 月的一天，18 岁的青年乔·萨特回到自己住的街区，发现人们笼罩在一片恐慌的气氛之中，平

时嘻嘻哈哈的人们这时都变得异常的严肃和悲哀。很快，乔从大人们的只言片语中得到了点消息：当时世界上最先进的飞机，波音307"同温层飞机"在西雅图坠毁了。这是整个西海岸有史以来最惨重的空难！

事故的原因很快被查明，飞机的设计出现了严重失误，平衡尾翼虽然小了那么一点，但是导致遇到复杂的气流变化的时候，难以提供足够大的操纵力矩，以至于飞机坠毁。

这件事给乔的触动很大。飞行，并不全是浪漫，也充满了严肃，一点粗心和马虎都是要不得的。乔·萨特在那一年考上了著名的华盛顿大学飞机设计系。

然而第二次世界大战的爆发改变了将要发生的一切。乔·萨特应征入伍，来到军舰上成为一名海军军官，在海上与风浪战斗，警惕地观察着敌情。还好，几次危险最后都有惊无险地过去了。他退伍后重新回到了家乡，来到波音公司。从此，他的一生与波音这个名字结缘。年轻的工程师乔·萨特很快被任命为波音747的总工程师，他热血沸腾，准备大干一场。

波音747的出场背景是20世纪60年代，这是"美国梦"到达顶峰的年代。波音747是作为军用运输机为美国空军设计的。在美国空军战略运输机的竞争中落选之后，波音公司面临着

拓展阅读

波音公司

波音公司是全球航空航天业的领袖公司，也是世界上最大的民用和军用飞机制造商。此外，波音公司设计并制造旋翼飞机、电子和防御系统、导弹、卫星、发射装置，以及先进的信息和通信系统。作为美国国家航空航天局的主要服务提供商，波音公司运营着航天飞机和国际空间站。波音公司还提供众多军用和民用航线支持服务，其客户分布在全球90多个国家。就销售额而言，波音公司是美国最大的出口商之一。

进退两难的局面：就此罢手，几年的心血等于付诸东流；继续投资，则面临极大的风险，因为当时波音公司的财政情况并不好，如果投入 10 亿美元而找不到用户，它就得破产。在关键时刻，波音公司选择了冒险。不过，它遇上了好时机：到 60 年代中期，由于喷气客机迅速普及，空中旅行票价大幅下降，旅行人数激增；1967 年波音公司交付了第 1000 架喷气客机；这一年，美国还出现了第一家全喷气飞机的航空公司——环球航空公司。不少航空公司希望要更大的飞机，而当时大推力发动机的出现也给研制大型飞机创造了条件。

波音 747 客机

　　按照规划，波音 747 是一种起飞重量超过 300 吨，机体宽度相当于以往飞机的 2 倍，装 4 台发动机，联合起来可以给一座中等城市供电的庞然大物。每一项几乎都是全新的挑战，而当时公司对问题没有足够的重视，很快，波音公司在 747 项目上，技术遭遇难关，资金遭遇断链，市场遭遇冷场等打击相继袭来，原本强大的波音很快垮了。

　　JT9D 发动机，是研制的新型发动机，作为 747 项目的配套工程，投入了巨资，然而，这种发动机却无法解决气流畸变，冷却系统效率低下等几个严重技术问题，最终，导致装机之后无法正常工作。甚至飞机还在跑道上滑行的时候就会出现过热。

　　随后，制造出的飞机由于质量问题再度被拒收，同时，市场上各大航空公司对此均采取了观望态度。机场上停满了已经出厂却无力交付的飞机。整个西雅图的机场都被飞机塞满，机场成了"养机场"。再随后，波音公司为了

度过经济危机被迫开始大量裁员，一时间有接近 $\frac{2}{3}$ 的人被裁减，乔·萨特的

波音 747 项目组，几乎被裁成了光杆司令。整个依赖航空工业的西雅图顿时

万户萧条，好多房屋人去楼空，繁华的街头变得空荡荡的，显得凄凉而且恐

怖。街上的大广告牌上，密密麻麻的广告不见了，一句充满黑色幽默的标语

写着："最后一个离开西雅图的人，别忘记关灯哦！"

　　乔·萨特眼前摆着的是一个可怕的烂摊子。办公条件恶劣就不说了：办公

室下面就是锻压车间，其中大型压力机工作产生的震动震得家具都在跳动。身

旁的人越来越少，波音的高层愁眉苦脸，他们已经做好了最坏的打算——破产

清算。而乔·萨特的办公桌前，摆着的是一堆问题——机翼设计出现严重失误！

知识小链接

锻　压

　　锻压是锻造和冲压的合称，是利用锻压机械的锤头、砧块、冲头或通过模具对坯料施加压力，使之产生塑性变形，从而获得所需形状和尺寸的制件的成形加工方法。

　　一切都指向绝望的方向。

　　"不！不能忘记梦想。"

　　乔·萨特很快找到了解决问题的办法，自己的队伍经过这次大裁员，可

以更加高效地完成工作，他减少了行政审批程序，更好地节约资源。为了项

目，他东奔西跑，一次在路上思考问题走神，结果差点出车祸。为了 JT9D 发

动机的各种技术问题，他冒着巨大的阻力和风险与发动机制造商周旋，并帮

助他们改进管理和技术，让他们可以早日造出合格的 JT9D 发动机。不久之

后，747 项目取得了突破性的进展。

1969 年，波音 747 首飞成功，期间，来自世界各地 40 多个国家的几百位美丽的空姐，一起聚在巨大的飞机前迎接新一代大型客机下线。20 世纪 70 年代，波音 747 开始畅销海内外，曾经濒临破产的波音公司起死回生，而且依靠波音 747 项目，很快占领了市场的最高点。乔·萨特更忙了，他不断地参加世界各地的航展和航空公司的竞标。

747 家族已经过了不惑之年，不但没有退役，反而是远程货运和客运的绝对主力！穿梭于五大洲的 747 实现了当年那个孩子的梦想。而今，波音公司旨在以更加舒适、更加便捷、更加环保的飞机新面貌示人，带给人们全新的飞行体验。

A380 客机

但是其他公司面对波音宽体客机的垄断，也没有放弃自己的努力。现在，欧洲空中客车工业公司已发起了挑战，开始研制新一代巨型客机。据称，新一代巨型客机将采用最新技术，为乘客提供更舒适的环境、更低的噪音以及更经济的运营成本，新的"空中巨无霸"将翱翔蓝天。

👆 让坦克胆怯的 "伊尔" 强击机

前苏联谢尔盖·伊留申主持设计的伊尔－2 及其后继机伊尔－10 是第二次世界大战最著名的强击机，它们都有强大的火力、良好的机动性和坚固的装甲，被誉为"飞行坦克"。伊尔-2曾在库尔斯克战役中，一天内就摧毁数百辆敌军坦克，被德军称作"黑色死亡"。伊尔-2强击机，是世界上产量最高的作战飞机。

1938年初，谢尔盖·伊留申向有关部门建议，面对现代化的纵深防御、强大的火力和高度机动能力，必须尽快研制新一代强击机，因为当时的强击机没有适当的防护设备，很容易被击落。他要设计一种在要害部位都有装甲防护的强击机。为此，他专门去当飞机总设计师，设计一种"飞行坦克"。

制造"飞行坦克"是一项十分艰苦而又复杂的任务。要把飞机各要害部位全都安上装甲，势必大大增加飞机本身的质量，这对设计一种集可靠防护、强大火力和良好的机动性能于一身的新型飞机来说，是一个大的障碍。但总设计师伊留申成功地解决了这些矛盾：他巧妙地把设计成流线型的装甲作为飞机骨架，马达、座舱、发动机等要害部位全都安装于坚固可靠的装甲机体之内。

伊尔-2的雏形——原型机BⅢ-2试验型装甲强击机于1939年问世。机上装有一台水冷发动机（功率993千瓦）和三叶螺旋桨，这是一架双座飞机。

马 达

电子启动器就是现在人们通常所指的马达，又称启动机。它具有瓷芯底座的新型低成本火花塞和启动器这两项零部件创新，奠定了汽车发展的技术基础。

但是，为了增加载油量，要改成单座飞机。随后，试飞成功，伊尔-2强击机改成单座后便开始投产。

伊尔-2强击机在战场上取得了一次又一次的辉煌胜利。但是，前线也不时传来令人痛心的消息：对方已经渐渐掌握了"飞行坦克"后部防护较差的弱点，因此，常从飞机后方发起攻击，将其击落。因而，伊留申的设计人员们昼夜奋战，把单座机改成双座机。他们为改装绞尽了脑汁，最后决定先冲压出射击员座舱骨架，然后由工厂派出工作队，对单座飞机进行改装。没过多久，强击机改装成功。此时的"飞行坦克"不仅增加了射击员座舱，而且以新型发动机取代了原来的发动机，单台发动机功率增加到 1290 千瓦。飞赴前线的双座伊尔－2强击机既增强了自身防护能力，又加大了动力和突击能力。

基本小知识

冲　压

靠压力机和模具对板材、带材、管材和型材等施加外力，使之产生塑性变形或分离，从而获得所需形状和尺寸的工件（冲压件）的成形加工方法。冲压和锻造同属塑性加工（或称压力加工），合称锻压。冲压的坯料主要是热轧和冷轧的钢板和钢带。

▶ 原汁原味的　"人力飞机"

"人力飞机"居然升空而起，并且飞过海峡！这是百年航空中的一大趣事。

人力飞行是人类对飞行最原汁原味的追求。从古代起，对飞行怀着热切期望的人向往像鸟一样展翅飞行；近代，当人们看到自行车可以在地面成为方便省力的代步工具，在水面也有脚踏船如履平地般地行驶时，人们仍会想

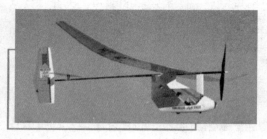

人力飞机

是否能有"空中自行车",方便地骑着升空飞行。航空向往者这种潜在的憧憬,被一些企业设置的奖项激活,形成了具体的探索行动。在人力飞行方面的成就,由此构成了 20 世纪航空活动的一角。

今天的飞机,虽然不论速度、高度、飞行距离都已经大为超过鸟类的飞行能力,但是用自行车似的脚蹬飞行在技术上是非常困难的。这主要是因为人力在一段时间内能够稳定地发出的功率仅约 294 瓦。这么小的功率,要使飞机产生托举驾驶员本身及飞机结构的质量所必需的升力,就必须将飞机的结构设计得非常轻,阻力设计得特别小。这远远超过了对一般飞机的要求,为此需要使用特殊的材料,并且用极高的精确性来设计。由此而知,利用最原始的动力——人力来飞行的飞机,需要在结构和空气动力设计上使用最先进的技术。

1959 年,英国实业家克雷默宣布设立奖金,奖励给第一个能用人力飞机在空中飞出指定的"8"字形航线的人。这个奖设立后,18 年内没有人能够获奖。于是奖金的数额在不断增加,最后提高到了 5 万英镑。

1977 年夏天,美国加利福尼亚州的萨夫特机场,一架尺寸巨大,形状古怪,像蝉翼般透明的飞机停在跑道上。这架飞机机翼展开达到 30 米,极细的骨架上蒙着薄薄的透明塑料薄膜。机身头部有一个驾驶座,备有自行车式的脚蹬。机身前方伸出一根细长的铝杆,在前端装着一片前翼。飞机使用不锈钢丝作张线。

这是美国人麦克雷迪设计制造出来的一架人力飞机。他本人 20 多年前是世界滑翔赛的获奖者，后来从事应用空气动力学的研究，并开始研制人力飞机。他研究了飞"8"字形航线失败的那些设计，认为主要是因为转弯时长长的机翼的内侧触地。因此他认为不能采用常规飞机的布局。

拓展阅读

空气动力

空气动力又叫空气动力学。通常空气动力学研究内容是飞机、导弹等飞行器在各种飞行条件下流场中气体的速度、压力、密度等参量的变化规律，飞行器所受的重力和阻力等空气动力及其变化规律，气体介质或气体与飞行器之间所发生的物理化学变化及传热传质规律等。

他找到一位空气动力工程师，组成一个研制小组，用电子计算机算出翼型和螺旋桨叶型的理想形状，采用最轻的材料，用一个月时间设计制造出第一架人力飞机，翼展 27 米，质量 23 千克。这架飞机在 1976 年 9 月进行了试飞。设计师有三个儿子，分别是 17 岁、14 岁、10 岁，他让孩子们去蹬踏飞机，居然都飞起来了。最小的儿子虽然年龄小，力气弱，但是重量也轻，所以飞机仍然飞了起来。

设计者麦克雷迪经过一年的调整和试验，觉得他可以造出一架更好的人力飞机，向"8"字形航线冲击。这架飞机取名为"蝉翼秃鹰"。这架飞机比其他的人力飞机小 $\frac{1}{2}$。质量 32 千克，比其他人力飞机轻 $\frac{1}{3}\sim\frac{1}{2}$。机翼载荷为 14 千克/平方米，为其他人力飞机的 $\frac{1}{3}$。

他觉得应该找一位运动员来当驾驶员，驾驶员的耐力应该可以在试验中连续 7 分钟发出 330.75 瓦的功率。结果他找来一位 24 岁的自行车运动员艾仑，他身高 1.82 米，体重 62 千克，他参加过自行车赛，也练习过滑翔。1977 年 8 月 23 日，早晨 7 时 30 分，艾仑进入座舱，以半仰的姿势坐在座位上，用力踏蹬前方的脚蹬。螺旋桨以 100 转每秒钟的转速旋转起来。飞机向前滑行，很快飞离了地面，并在两根距离 800 米的标杆间飞出一个 8 字，速度达 18 千米每小时，飞行 3 分 28 秒，起飞后全程飞行中

趣味点击　滑翔伞运动

在世界各地，滑翔伞运动已拥有数十万的爱好者。从它的英文词意上不难发现，飞行伞是降落伞与滑翔翼的结合，也就是用高空方块伞改良成性能上接近滑翔翼的综合体。滑翔伞是一项不需要许多体力付出的体育运动，全套器材仅重约20公斤。滑翔伞是自由飞行器，通常从高山斜坡起飞，也可以通过牵引方式起飞。滑翔伞用双脚起飞和着陆，所使用的器材与飞机跳伞使用的降落伞有很大区别。

高度超过3米。驾驶员奋力蹬踏，发出平均257.25～294瓦的功率。竭尽全力地蹬着踏板，把摇摇晃晃的飞机维持在空中，非常的不容易！

艾仑完成了8字飞行，跨出座位时向跑来的同伴们笑说："真是一次妙不可言的飞行！"8字形航线奖被夺取后，原奖金提供者克雷默进一步提出10万英镑"人力飞机飞越英吉利海峡奖"，这个奖再次被麦克雷迪获得。此后，克雷默继续捐赠10万英镑，作为人力飞行速度竞赛的奖金。飞机可以在起飞时使用贮能装置，但所贮的必须是驾驶员本人在起飞前10分钟内发出的体能。

在20世纪，人力飞行在社会人士的激励下不断有所进展，实现了凭人的体力飞离地面的愿望。这种活动促进了对轻质材料和结构，以及低阻力气动设计技术的发展。但是人力飞机要实用还为期尚早。有人设想，如果不严格限制必须使用人力，而可以稍放松一些使用小功率的发动机，则采用 1.1～

1.5 千瓦的动力就有可能作有效的飞行。只是，这种飞机必然有很大的机翼面积和很长的翼展，正式投入使用还是不便利。所以，真正带有实用价值的最小规模的航空器，还是超轻型飞机。

为了"人力飞机"的极轻翼载造成相对质量来说很大的机翼面积，以及极轻的结构重量和极小的阻力，而发展的相应技术，很适宜用在"太阳能飞机"

拓展思考

体　能

　　体能，即运动员身体素质水平的总称。运动员在专项比赛中体力发挥的最大限度标志着运动员无氧训练和有氧训练的水平，反映了运动员机体能量代谢水平。体能是人体适应环境的能力。包括与健康有关的健康体能和与运动有关的运动体能。

上。因此，在"人力飞机"之后出现了"太阳能飞机"，可以说是在同一技术发展途径上的延伸。

能隐身的战斗机

　　出于保密的要求，飞行员每天进行着隐身飞机的训练，而他的妻子对此一无所知。在长达数年的时间内，美国空军上校惠特利的妻子不知道他从事什么工作，更不知道他是位"隐身"飞行员。

　　看到"隐身"二字，人们首先想到的可能是科幻小说中的"隐身人"。但是隐身飞机并不是想象中的"隐身人"那样是透明的，而是指用雷达难以探测的。当敌方用高性能军用飞机入侵的时候，用肉眼看到时距离已经很近，风驰电掣般就飞过去了，防御系统很难作出有效的反应。而雷达探测的范围可以达到几十千米甚至几百千米，比肉眼看到的距离大几十倍到几百倍。对现代战争而言，用雷达、红外探测、噪声监听等技术发现来袭的敌机，比用肉眼观察敌机重要得多。因此，"隐身飞机"虽然不是指在视觉上看不见，但是对雷达及一些现代探测技术手段的"隐身"，使这些现代探测技术都对之失效，无疑对飞机的生存力有更重要的作用。

知识小链接

监　听

采取比较隐蔽的手段或设备等技术手段，对相应的声音或事态的发展进行探听的一种行为。现在常用的有手机监听器、网络监听及专业监听器等。

F－117 隐形战斗机

F－117 是美国从 1978 年开始研制的第一种"隐身"战斗机。这种飞机外形很奇特，不同于常规的飞机。它的外表不是光滑的流线型，而是有棱有角的，看不到进气道，一眼看去简直像一座老式化铁炉。习惯于常规飞机式样的人们第一次看到它时，甚至会怀疑：这个像一座化铁炉似的东西，能飞起来吗？

尽管这种飞机的外形与常规战斗机截然不同，但是它的驾驶舱内的布置却使人感到熟悉。这是因为设计者们集中精力来突破飞机对雷达和各种声光探测的"隐身"性能，分不出更多精力来改进它的设备。F－117 隐形战斗机借用了常规战斗机或轰炸机上的许多已有的设备和系统，进行综合以后用在F－117隐形战斗机上。

惠特利来到一个偏僻地区的训练基地。1982年6月，一架作战型的F－117首次试飞，但飞机在起飞时就坠毁了。工程师们研究了事故的原因，找到了问题的答案并作了改正。几个月后运来了第二架。由于不能让任何无关人员看到这种飞机的存在，试飞时间定在夜间进行。当夜由惠特利试飞。荒漠的夜空里繁星点点，在茫茫夜色中吉凶难测。

F－117隐形战斗机没有训练用的飞行模拟器，也没有双座的教练机。所以，初飞这种形状古怪的飞机的驾驶员都感到神经紧张。惠特利一连几次打算起飞，但先遇到液压系统故障，又遇到飞行计算机的毛病，几次尝试都没有飞成。

终于，惠特利顺利起飞了。在沉沉夜幕中，谁也看不见他；而飞机又是对雷达和其他探测系统"隐身"的，任何探测设备也探不到他的存在。他真的"隐没"在沙漠上的夜空里，神不知、鬼不觉地飞翔着。这种奇妙的感觉，不论对在夜空中飞行着的他，还是对在地面明知他已起飞却无法在雷达上发现他的地面工作人员，都是一次难忘的经历。

惠特利等F－117隐形战斗机的飞行员在3年左右的时间里，完成飞行员训练形成战斗

广角镜

原子弹

原子弹是核武器之一，是利用核反应的光热辐射、冲击波和感生放射性造成杀伤和破坏作用，以及造成大面积放射性污染，阻止对方军事行动以达到战略目的的大杀伤力武器，主要包括裂变武器和聚变武器，有些还在武器内部放入具有感生放射的轻元素，以增大辐射强度扩大污染，或加强中子放射以杀伤人员。

力。他们在这种飞机问世后的一段时间中，只在夜间飞行，即使基地附近的人也不知道有这种飞机的存在。因此，飞行员们都把自己称为"夜鹰"。而且，他们参与的这项工作，不准向家属暴露身份。惠特利的妻子只知道他每周五从基地回来，每周一离家去基地，几年下来，也不知道他具体在做什么。这是美国保密工作做得最严密的一项武器研制项目之一。

F-117 这种隐身飞机的飞行速度并不快，机动性也很差，而且没有防御武器。但是，用隐身飞机实施攻击，它所具有的最大优势在于它的"隐身"能力。敌人很难发现它的踪迹，来了也不知道，导弹也不能对其进行跟踪。因而这种飞机出动很频繁，而且担负了很重的战斗任务，战果也很显著，本身却无一伤亡，几乎毫发无损。

拓展阅读

导 弹

　　导弹是"导向性飞弹"的简称。是一种依靠制导系统来控制飞行轨迹的可以指定攻击目标，甚至追踪目标动向的无人驾驶武器，其任务是在没有战斗部的情况下依靠自身动能直接撞击目标，以达到毁伤效果。简言之，导弹是依靠自身动力装置推进，由制导系统导引、控制其飞行路线，并导向目标的武器。

到 21 世纪初的今天，"隐身"性能已经成为对第四代战斗机的基本要求。

空中奇兵——武装直升机

　　直升机用于军事上，一般称作武装直升机。早期的武装直升机主要用来运输货物、侦察敌情和救护联络等，后来在飞机上配备了枪、炮、导弹等武器后，它才成为名副其实的武装直升机。

武装直升机是伏击坦克的能手。它时而在空中盘旋，时而悬停在空中，时而又像蜻蜓点水似的向地面俯冲，居高临下，视界宽阔，把敌方坦克的活动看得清清楚楚。它可以事先躲在掩体内，等到敌方坦克靠近时，出其不意地飞起来，向坦克发动进攻；或者隐藏在树丛、山后，一旦发现目标，突然垂直起飞，像老鹰追捕兔子那样冲向坦克。

用武装直升机发射"幼畜"式电视制导反坦克导弹曾击毁了不少坦克。国外还进行过这样的实战演习：在"眼镜蛇"直升机上装上"陶"式导弹，让它和坦克比武，比赛结果是1∶10。坦克惨败于直升机的手下！

现代的直升机飞得很快，速度已达每小时350多千米。不仅如此，它还飞得又高又远。它的最大飞行高度为1万多米，而最大航程是3000多千米。另外，它还是一个大力士，运载量最大可达40多吨。

直升机具有这么多的优点，是与它的独特形状和结构分不开的。它头顶上像几把大刀似的螺旋桨，转起来好似一把伞，通常叫作旋翼。直升机就凭着这些"大刀片"在空中旋转来直升直降、悬停或作任意方向飞行。

旋翼在空中快速旋转以后，就会产生向上的升力。如果飞行员加大发动机油门，旋翼就转得快些，升力就大。若升力大于直升机的重量，飞机就能垂直起飞；若旋翼转得慢些，当升力和飞机的重量近似相等时，直升机就停在空中不动；如果旋翼转动得再慢些，使产生的升力小于飞机的重量，直升机就会凭着自己的重量徐徐下降。

使人感兴趣的是，旋翼还能前、后、左、右倾斜。如果向前倾斜，它就会产生一个推着飞机向前飞行的力，于是直升机就向前飞行了。同样道理，旋翼向后、向左、向右倾斜，直升机就能跟着向后、左、右方飞行，操作也很灵便。

　　直升机的尾巴上面还挂了台"电扇"。这"电扇"实际上是个螺旋桨，它的转轴与地面是平行的，一般称作"尾桨"。它的作用和船上的舵一样，能使直升机向左或向右转弯。一般飞机在空中转个弯可不容易，需要绕一个大圈子才能转得过来。而直升机有了这个尾桨，转弯就省事多了。

　　由于直升机的旋翼很大，为了防止它与尾桨相碰，就将尾桨向后移，于是直升机就出现了一个长长的蜻蜓尾巴。直升机的肚子挺大，样子像个大蝈蝈。这是为了在它的肚子里装载坦克、大炮等大型武器。它的肚子下面还装有起落用的橡胶轮子。

　　现在一些新式武装直升机，其外形愈来愈和普通飞机相近了，不但机身和现代的战斗机一样呈流线型，以减少飞机飞行时的空气阻力，而且在机身两侧装有小翅膀。这样，既可使升力增加，又能用来悬挂鱼雷和导弹等武器弹药。有的直升机还将尾桨用一个圆环罩起来，隐藏在垂直尾翼内，当它在高空飞行时，人们很难区别它是直升机还是普通飞机。

　　目前，代表现代科学技术成就的电脑、自动驾驶仪和雷达导航仪等先进设备都已登上了直升机。这样，飞行员的操作就更加灵活方便了。例如，他们可以利用电脑和自动驾驶仪进行自动操作，使飞机悬停在空中，自己通过软梯下机办一些其他事，然后再上机飞行。

　　未来的武装直升机将主要由电脑操纵飞行，甚至还可按照要求自动进行攻击作战。现在，人们除了完善和改进直升机以外，还在研制一种供单人用的小型直升机。若将它的旋翼拆卸下来，可在地上当车辆行驶，因而这种单人直升机被称作"空中摩托"。

知识小链接

自动驾驶仪

自动驾驶仪是按技术要求自动控制飞行器轨迹的调节设备，其作用主要是保持飞机姿态和辅助驾驶员操纵飞机。对无人驾驶飞机，它将与其他导航设备配合完成规定的飞行任务。自动驾驶仪是模仿驾驶员的动作驾驶飞机的。它由敏感元件、计算机和伺服机构组成。当飞机偏离原有姿态时，敏感元件检测变化，计算机算出修正舵偏量，伺服机构将舵面操纵到所需位置。

☛ 空战中的突击手——现代作战飞机

飞机正式作为战斗机使用，是从第二次世界大战开始的。

现代作战飞机与以前的作战飞机相比，它们在式样和性能上有了以下几个方面的改进：一是用喷气式发动机代替了老式的螺旋桨发动机，使飞机的速度由每小时几十至几百千米，达到最快每小时约 2400 千米；二是飞机的翅膀由初期的双机翼（也有少数单机翼的）改为单机翼，而且机翼多采用向后掠的样式，主要是为了减少飞机在飞行中的空气阻力；三是增加了一些新的武器，提高了作战性能；四是变滑行起降为垂直起降，以改善飞机的机动作战性能。目前已装备使用的垂直起降飞机还较少，其代表者是英国的"鹞"式战斗机。

与地面上的坦克一样，现代作战飞机的火力都很强，一般都装有专门的航空机关炮，口径大多数为 20 到 30 毫米，射击速度较高，每分钟能发射

1500 发炮弹。还有一种用 6 个炮管轮流发射的快速炮，最高每分钟可发射 6000 发炮弹。这种航空炮通常是进行空战使用的，但也有用来打坦克的航空炮。例如，美国在 20 世纪 70 年代制成的 A－10 型攻击机，就装有一门口径 30 毫米用来打坦克的航空机关炮。它有 7 个炮管，可轮流发射炮弹，最高每分钟可发射 4200 发炮弹。在 2000 米的距离内，它发射的炮弹能穿透坦克 40 毫米厚的钢甲，用来攻击坦克的顶装甲很有效。不仅如此，这种飞机的机翼下还可挂导弹、火箭弹等反坦克武器弹药 3 吨以上，而且飞机本身的防护能力也很强，在机身四周装有厚厚的合金钢板。所以，这种飞机用来打坦克是很有效的，它已成为反坦克武器中的一个重要成员。

◉▶ 可进行电子干扰的飞机

电子战飞机也叫作电子干扰机。这种飞机主要用来携带电子干扰设备对敌方的雷达和通信设备实施干扰，使对方雷达失去作用能力，以掩护己方飞机顺利完成任务。

美国 F-111 战斗机是世界上最早的一种可变后掠翼战斗机，其特点是速度快、航程远。根据这些特长，美军在 F-111 战斗机的机身上略加改进，加装了重约 4 吨的电子设备，摇身一变就成了 EF-111A 电子战飞机了。

这种电子战飞机的一个主要任务，就是进行近距离空中支援。当攻击机对敌方的装甲部队发起攻击时，很容易遭受敌方的防空火力袭击。这时，EF－111A 电子战飞机就可伴随攻击机一起飞行，对敌方的炮瞄雷达和防空导弹的制导系统施放干扰，使攻击机能放心大胆地对敌方装甲部队进行攻击。

EF－111A 电子战飞机既能几架一起施放电子干扰，形成一个电子屏障，掩护己方攻击机的作战，又可伴随攻击机突入敌方的防线，对敌方防空网中的电子设备实施干扰，使其效能降低或完全失效。

在电子战飞机家族中，EF－111A 电子战飞机还有一个"伙伴"，它就是美国的"徘徊者"电子战飞机，其代号为 EA－6B。这种电子战飞机比 EF－111A 早出世 10 年，于 1971 年开始装备部队服役。

"徘徊者"电子战飞机是由"入侵者"攻击机发展而来的。它比"入侵者"的机身加长了，而且在垂直尾翼顶上也有一个半圆筒状的突出部位，其内安装着雷达和灵敏度很高的监视接收设备，可以远距离搜索敌方的雷达信号并输送到中央计算机，以便及时准确地实施电子干扰。

拓展阅读

制导系统的应用

制导系统通常安装在各种类型的无人驾驶飞行器如导弹（包括鱼雷）、航天器和无人驾驶飞机上，实现自动控制。在有人驾驶的飞机、舰船和潜艇中，也常用制导系统来协助领航员工作。

◖▸ 飞行间谍——侦察机

说起侦察机，人们自然就会想到在 20 世纪 50 年代问世的美国 U－2 高空侦察机。它有一个"黑小姐"的雅号。这是因为 U－2 侦察机的机翼很长，就像双臂，加上它的通体呈现黑色，所以就有了这个形象的雅号。

"黑小姐"出世不久，就在 2 万米的高空，拍摄出莫斯科克林姆林宫停车场上小汽车的清晰照片，令美国人惊喜不已。

　　1958 年，"黑小姐"又一次飞临前苏联领空进行侦察。不过，这次它遭到了防空导弹的毁灭性打击——被击落了，并成了美国进行间谍活动的铁证。

　　20 世纪 70 年代末，"黑小姐"又悄悄地飞行在蓝天上。不过，它已改头换面，在飞机上装备了更先进的电子侦察设备，并改名为 TR－1。1992 年，美国空军决定取消 TR－1 的称呼，统称为 U－2R。

　　U－2R 侦察机飞行高度可达 3 万米。由于它飞得高，因而看得远，不必飞越对方防线就可侦察到纵深 56 千米的情况，而且地面分辨力达 3 米。另外，在飞机上还装有通信设备，可把所获得的情报通过无线电转发给远处的地面指挥部。这种侦察机的起落架也比较独特，是自行车式的（即前后两轮着地），而不像战斗机那样是三点式的。为了防止它修长的机翼在落地时触地，每侧机翼下有一双扶持起落架。U－2R 侦察机的续航时间可达 12 小时，为了给飞行员提供食物，机舱里装备了食物加热器，飞行中可以加热食物。

　　在"黑小姐"侦察机出世不久，另一架名为"黑鸟"的侦察机便随之诞生了。

　　美国洛克希德公司在加利福尼亚州有一座叫"臭鼬鼠"的工厂。工厂的领导人就是著名的飞机设计师约翰逊。在他的领导下，这座"臭鼬鼠"工厂在极其保密的情况下，曾研制出 U－2 间谍飞机，随后又研制出 A－11 型飞机，后来改装成 YF－12A 型飞机。接着，该厂又以 YF－12A 为雏形，秘密研制成 SR－71 高空战略侦察机，由于这种侦察机表面涂有黑色涂料，所以人们将它称为"黑鸟"侦察机。

　　"黑鸟"侦察机是世界上飞得最快、又飞得最高的飞机。1976 年 7 月 27

日，在美国西部的空军基地，已服役 10 年的"黑鸟"飞机在进行 1000 千米闭合航线飞行时，速度达到每小时 3367.2 千米，超过了当时最高的世界纪录。在同一天，"黑鸟"侦察机还创造了飞机高度达 25 929 米的世界纪录。第二天，"黑鸟"侦察机在做 15~25 千米的直线飞行时，速度达到每小时 3529.2 千米，又创造了一项世界纪录。这个飞行速度是音速的 3.32 倍，超过了步枪子弹出枪口时的初速。

由于"黑鸟"侦察机飞得快、飞得高，又能在高空做长时间超音速飞行，使它避过了几百次攻击，而从未被击落过。

制造"黑鸟"侦察机的原材料 90% 以上是轻而结实的钛合金，既耐高压，又耐高温，使它能以超音速在高空飞行。它的表面涂了一层近似黑色的深靛蓝色，散热好，同时使敌方难以发现。在它上面装有可见光照相机、合成孔径雷达和红外遥感器等。根据侦察任务不同，这种侦察机可更换 5 种不同类型的头部，每种头部中装有不同的侦察设备。它的侦察设备主要有高空侦察照相机、中空侦察照相机和电子侦察设备。照相机每次拍摄宽度约 48 千米，每小时可侦察 15 万平方千米的地区。

"黑鸟"侦察机自投入使用以来，足迹遍布全球。

◐▶ 神秘的无人驾驶飞机

无人驾驶轰炸机在中东战争中崭露头角，引起了人们的注意。这种无人驾驶轰炸机除了用来轰炸对方防卫能力很强的目标外，还能进行近距离的空中支援。

以色列曾研制了一种监视侦察用的无人驾驶飞机（也称无人机），名叫"侦察兵"。它小巧玲珑，机身长和翼展都仅有 3 米多，重量为 50 多千克，外形像一只大蜻蜓，可飞至 3000 米的高空进行侦察和拍摄照片，连续飞行可达 4 小时。

　　"侦察兵"无人机的机身是由能吸收雷达波的复合材料和铝材制成的，使对方的雷达难以侦察发现。机身下面装有电视摄像机和照相机。整个无人机由地面控制站、起飞弹射器、无人机和降落回收网四部分组成。平时，这四部分可以装在汽车上。

　　"侦察兵"无人机起飞时，不像一般飞机那样在跑道上滑行，而是用一种车载的起飞弹射器弹射出去。这种弹射器所用的动力是压缩空气。无人机被弹射到空中以后，依靠双缸发动机推动螺旋桨来飞行。而降落也和一般飞机不同，它是用回收网进行回收的。

　　无人驾驶飞机通常分为靶机、无人机和遥控飞机三种。靶机是一种供训练用的器具，结构较简单。无人机一般是按照预先编排好的程序完成飞行任务的，即使遇到意外的情况，它也不能随意改变原来的程序，因而使用不方便。而遥控飞机可由操作人员根据所了解的情况进行实时遥控。虽然遥控飞机的结构和操纵都比较复杂，但它的使用面较广。"侦察兵"实际上就是一种微型的遥控无人飞行器。

　　由于无人机和遥控飞机的构造简单，成本低，使用方便，以及在现代战争中发挥了重要作用，所以现在世界各国都加紧研制新型的无人机和遥控飞机。

　　在未来的战争中，很有可能全面采用遥控飞机或无人机进行空战，甚至会出现有一定智能的无人机，它能识别目标并及时跟踪追击，而且还能根据目标的变化确定对付的办法等。到那时，无人机恐怕就要改换更合适的名字了。

知识小链接

复合材料

　　复合材料是由两种或两种以上不同性质的材料，通过物理或化学的方法，在宏观上组成具有新性能的材料。各种材料在性能上互相取长补短，产生协同效应，使复合材料的综合性能优于原组成材料而满足各种不同的要求。复合材料的基体材料分为金属和非金属两大类。金属基体常用的有铝、镁、铜、钛及其合金。非金属基体主要有合成树脂、橡胶、陶瓷、石墨、碳等。

空中指挥所——预警飞机

　　"居高望远"很早就成为军事侦察使用的一种手段。现在，有了侦察机和侦察卫星，人们"站"得更高了，"望"得更远了。据有关报道，从距地面几万米的侦察卫星上拍摄的照片，能清楚地看到敌方的调动情况，分清各种人员和武器装备，甚至连士兵刮没刮胡子都能区分清楚。值得一提的是，为了更好地在高空侦察和监视敌方的活动，20 世纪 80 年代初出现了被称为"空中指挥所"的预警飞机。

　　预警飞机与普通飞机的主要差别，是它的机身上多背了一个蘑菇状的大圆盘。这个大圆盘实际上就是特制的天线罩。圆盘直径达 7 米多。飞机上的搜索雷达和敌我识别器的天线就安装在圆盘里。

别看大圆盘的个头大，却显得很笨重，它每分钟能绕轴旋转 6 圈，可以进行 360° 的各个方向的扫描搜索。也就是说，它的"眼睛"很敏锐，只要扫描几圈，就能发现山区、平原和海洋上空作低空飞行的各种活动目标，而且还能看到地面的坦克、卡车的调动，以及雷达和导弹阵地的布防等情况，甚至能看到潜艇的通气管和潜望镜。向上它还可以同太空里飞行的人造地球卫星联系，并进行协同配合。

广角镜

地空导弹

地空导弹又称防空导弹，是指从地面发射攻击空中目标的导弹。它是组成地空导弹武器系统的核心。地空导弹是由地面发射，攻击来袭飞机、导弹等空中目标的一种导弹武器，是现代防空武器系统中的一个重要组成部分。与高炮相比，它射程远，射高大，单发命中率高。地对空导弹反应速度快，火力猛，威力大，不受目标速度和高度限制，可以在高、中、低空及远、中近程构成一道道严密的防空火力网。

作战时，在高空飞行的预警飞机可以跟陆、海、空军各参战部队直接联系，协同作战，统一指挥，以最快的速度协调整个战场的活动，诸如进行防空、侦察、空运、营救、护航和空中支援等各种活动。实际上，这等于把一个指挥中心搬上了天空，成为兼管"警戒、控制、通信"三项任务的空中指挥所。

预警飞机在高空中，看得远，因而它指挥和监视的范围就大多了。对于高空目标，它的探测距离是五六百千米，最远可达 900 多千米；对于低空目标，探测距离为三四百千米。它还能同时发现 300 多个机载或地面雷达，准确地测定它们的方位，指挥无人驾驶飞机进行电子干扰，或者指挥反雷达导弹摧毁敌方雷达阵地。预警飞机上装的电子侦察设备，能同时跟踪和识别 250 个目标，并能很快地计算出其中的 15 个目标的各种参数，引导自己一方的飞机对目标进行攻击。因此，预警飞机是现代战争中理想的空中指挥所。

☞ 垂直起降的飞机

　　垂直起降，顾名思义就是飞机不需要滑跑就可以起飞和着陆。垂直起降是从 20 世纪 50 年代末期开始发展的一项航空技术。

　　垂直起降技术的诞生主要是因为飞机滑跑起飞方式的不足，特别是在历次战争中的表现，让飞机的垂直起降进入人们的视线。第二次世界大战及中东战争等战争直接对敌方机场的袭击让人们感受到了需要跑道的滑跑式飞机的不足之处，而冷战则是垂直起降技术的催化剂。第二次世界大战后的五六十年代，在极有可能爆发核战争的阴影下，人们担心出现核大战对机场造成破坏，导致常规飞机无法出动的局面，所以催生了固定翼飞机的垂直起降技术。垂直起降飞机减少或基本摆脱了对跑道的依赖，只需要很小的平地就可以拔地而起和垂直着陆，所以在战争中飞机可以分散配置，便于灵活出击、转移和伪装隐蔽，不易被敌方发现，出勤率也大幅提高，并且对敌方的打击具有很高的突然性，大大提高了飞机的战场生存率。另外，具有垂直起降能力的飞机不需要专门的机场和跑道，这样就省去了昂贵的机场建设费用，也能在恶劣气象条件下起降。

　　在了解垂直起降技术的原理之前需要知道比空气重的飞机是如何飞行的。飞机飞行需要克服两种力，一个是重力，另一个是阻力。重力是由飞机的气动面，即机翼和尾翼产生的垂直升力平衡的；阻力则是由发动机提供的水平推力克服的。正常飞机的起飞过程就是飞机在发动机的推动下，在跑道上克服阻力向前滑跑，机翼在空气中直线平移运动，利用特定翼型和飞行状态产生的空气压差获取升力。随着速度的加快，升力也越来越大，当滑跑速度足够大到使机翼产生的升力大于飞机的重量时，飞机就可以离开地面升空飞行了。由于在一定的条件下飞行的阻力远小于飞机的重量，所以飞机的飞行可以实现以小推力托起大重量，也就是推重比小于1，是一种省力的飞行方式。由此，我们可以看出，飞机要想飞行必须克服重力，而垂直起落飞机由于不需要滑跑，就不可能由机翼产生克服重力的升力。那到底如何才能实现在原地的垂直起降呢？只能有两种方法，一种是利用喷气反作用力，另一种是利用空气动力。

喷气反作用力就是由发动机向下喷气产生的反作用力升力来克服重力实现垂直起降的。办法有三个：一个是偏转发动机的喷管；第二种是直接使用升力发动机提供升力；第三个是前两种办法的组合，同时使用升力发动机和主发动机。根据牛顿第三定律，作用力与反作用力大小相等，也就是发动机的推力与升力相等，那么垂直起降时的推重比就得大于1才能垂直起降，与推重比小于1的飞机的飞行相比，这种反作用力升力并不省力，耗能太多，不实用，因此很难推广。第二种方法是利用空气动力垂直起降，这个办法需要一个升力风扇以达到垂直起降的目的。

垂直起降飞机先后研制过五大类型：尾座式、倾转动力装置式、推力转向式、专用升力动力装置式和上述后三类的混合配置式。尾座式，这种设想最直截了当，飞机停在地面上即机头朝天，垂直放置。飞机用普通布局，但有几个轮子装在水平尾翼和垂直尾翼后端翼尖上作为起落架。起飞时拉力超过它的重量即可垂直上天，然后操纵飞机下俯，转为平飞姿态。着陆前飞机也要从平飞转为垂直向天姿态，然后减少功率或推力缓慢垂直降落。曾先后有三种这样的飞机试飞成功，而且证明从垂直姿态转换为平飞以及相反转换都是可能的。

垂直起降技术问世后，各国出现了功能、结构不同的垂直起降飞机。

英国的"鹞"式就是使用偏转喷管方式的垂直起降飞机。它是由英国霍克·西德利公司于1966年8月研制成功的"鹞式"战斗机，该机从1957年开始研制，历经十年才研制成功。这种飞机机身中部安装有一台"飞马"式推力转向发动机，前后两对可旋转喷口分别位于机身两侧，相对机身重心保持对称。发动机将从进气道吸入的空气一部分通过前面的两个可旋转喷口喷出，另一部分经过燃烧室和涡轮从后面的两个可旋转喷口喷出，四个喷口喷出的气流共同产生供飞机垂直起降、空中悬停和水平飞行的动力。

美国设计出来的是倾斜转翼式飞机——鱼鹰V－22，鱼鹰V－22由贝尔公司和波音公司设计。V－22交付使用始于1999年，但是这种飞机却不断失事，而且表现不佳。这架飞机是由两个被称为"均衡器"的螺旋桨驱动，这种均衡器在飞机提升和降落时，其功能类似于直升机垂直的桨叶。这种均衡器可以与飞机轴系相互作用，其发动机则安装在一个机翼上，在飞机上升和下降过程中这一机翼可以垂直倾斜，而在向前飞行的过程中，这一机翼和它的旋转翼则是水平倾斜的。

这架飞机前进的速度刚刚超过"鹞"式前进速度的一半，即每小时不到400英里，这一速度虽比一般的飞机快了许多，却远远慢于一般喷气式推进飞机。由于接二连三地失事及在制造方面高昂的费用，V－22一直备受争议。

X－35是美国研制的单座单发战斗机，由洛克希德公司研制生产，1999年首次试飞成功。该机长13.72米，翼展11米，空重10 000～11 000千克，载油量6800～7200千克，最大载弹量6000～7700千克，最大起飞重量22 500～23 000千克，作战半径1100千米。该机有空军型、海军型、陆战队型。

俄罗斯的雅克－36和雅克141是使用升力发动机和偏转喷口主发动机相结合的垂直起降飞机。飞机的两台升力发动机位于座舱后的机身内，其进气道在机身上部；主发动机装在机身内，喷口在后机身两侧。当飞机垂直起飞时，主发动机的一对可旋转喷口从向后位置转到向下位置，同时升力发动机工作时，也为四束喷流提供了飞机的起飞升力。当飞机进入平飞状态之后，主发动机转至向后，升力发动机则停止工作，其进气道关闭。

知识小链接

作战半径

　　作战半径是指战机携带正常作战载荷，在不进行空中加油，自机场起飞，沿指定航线飞行，执行完任务后，返回原机场所能达到的最远单程距离。通常它小于二分之一航程。作战半径是衡量飞机战术技术性能的主要指标之一。作战半径的大小与飞机的飞行高度、速度、气象条件、编队大小、战斗任务和实施方法等因素有关。

　　虽然垂直起降技术具有常规飞机无可比拟的优点，但同时也有许多重大的缺点。首先是航程短，由于要实现垂直起降，飞机的起飞重量只能是发动机推力的83%～85%，这就使飞机的有效载荷大大地受到限制，影响了飞机的载油量和航程。同时，飞机垂直起飞时发动机工作在最大状态，耗油量极大，也限制了飞机的作战半径。例如"鹞"式飞机的载重量为1060千克时，作战半径只有92千米。所以在实际使用中，"鹞"式飞机尽量使用短距起飞的方式，以延长飞机的航程。另外，由于垂直起落飞机在实战中，经常需要分散在野外，所以它的维护也非常的困难。垂直起降技术虽然存在一些重大弱点，但是它的优点又使人无法割舍。

比音速还快的飞机

20 世纪 40 年代中期，飞机的动力装置从活塞式发动机向喷气式发动机发展，飞机结构设计得到重大改进。这些，使航空领域产生了一次重大的突破——飞机飞行速度超过音速。

飞机在第二次世界大战的战场上，起着举足轻重的作用，而速度的大小，又直接影响了飞机的战斗能力。当时的战斗机，最大时速在 700 千米左右。这个速度已经接近活塞式飞机飞行速度的极限。例如，美国的 P－51D"野马"式战斗机，最大速度每小时 765 千米，大概是用螺旋桨推进的活塞式战斗机中飞得最快的了。

二战末期，德国研制成功 Me－262 和 Me－163 新型战斗机，并投入战场。这两种都是当时从未见过的喷气式战斗机，前者装有 2 台涡轮喷气发动机，最大速度可达 870 千米/小时，是世界上第一种实战喷气式战斗机。后者装有 1 台液体燃料火箭发动机，最大速度 933 千米/小时。

紧接着前苏联的米高扬设计局很快研制出了伊－250 试验型高速战斗机。它采用复合动力装置，由一台活

◀拓展思考▶

涡 轮

涡轮是一种将流动工质的能量转换为机械功的旋转式动力机械。它是航空发动机、燃气轮机和蒸汽轮机的主要部件之一。对汽车和飞机来说，涡轮就是汽车或飞机引擎中的风扇，通过利用废气把燃料蒸汽吹入引擎，以提高引擎的性能。

塞式发动机和一台冲压喷气发动机组成。在高度 7000 米时，可使飞行速度达到 825 千米/小时。

同样的复合动力装置也装在了苏－3 试验型截击机上，1945 年 4 月又出现了苏－5，速度达到 800 千米/小时。另一种型号苏－7，除活塞式发动机，还加装了液体火箭加速器，可在短时间内提高飞行速度。但是，用液体火箭加速器来提高飞行速度的办法并不可靠，其燃料和氧化剂仅够使用几分钟，而且具有腐蚀性的硝酸氧化剂，使用起来十分麻烦，甚至会发生发动机爆炸的事故。在这种情况下，前苏联航空界中止了液体火箭加速器在飞机上的使用，全力发展涡轮喷气发动机。

飞机速度的提高依然困难重重。最大的拦路虎便是"音障"问题。所谓音障，是在飞机的速度接近音速时开始产生的，这时飞机受到空气阻力急剧增加，飞机操纵上会产生奇特的反应，严重的还将导致机毁人亡。涡轮喷气发动机的研制成功，冲破了活塞式发动机和螺旋桨给飞机速度带来的限制，但过不了"音障"这一关。

奥地利物理学家伊·马赫曾在 19 世纪末期进行过枪弹弹丸的超音速实验，最早发现了扰动源在于超音速气流中产生的波阵面，即马赫波的存在。他还将飞行速度与当地音速的比值定为马赫数，简称 M 数。M 小于 1，表示飞行速度小于音速，是亚音速飞行；M 数等于 1，表示飞行速度与音速相等；M 数大于 1，表示飞行速度大于音速，是超音速飞行。

声音在空气中传播的速度，受空气温度的影响，数值是有变化的。飞行高度不同，大气温度会随着高度而变化，因此音速也不同。在标准大气压情况下，海平面音速为每小时 1227.6 千米，在 11 000 米的高空，海平面音速是每小时 1065.6 千米，于是科学家采用了马赫数来表达飞行速度接近或超过当地音速的程度。

　　各种形状的飞行物体，在速度接近或超过音速时，受力情况是怎样的？众多的空气动力学家和飞行设计师们集中精力攻克了这个课题。

　　1945 年夏天，沈元以博士论文《大马赫数下绕圆柱的可压缩流动的理论探讨》通过了答辩，获得了博士学位。他的论文用速度图法，证实了高亚音速流动下，圆柱体附近极限线的存在。他从理论上和计算结果上，证实了高亚音速流动下，圆柱体表面附近可能会出现正常流动的局部超音速区。这就意味着，只有在气流马赫数增加到一定数值时，圆柱体表面某处的流线，才开始出现来回折转的尖点，这时正常流动就不复存在。这一研究结果显示了在绕物体流动（如机翼）的高亚音速气流中，如马赫数不超过某一定值，就可能保持无激波的、含有局部超音速区的跨音速流动。它针对当时高速飞行接近音速时产生激波的问题，从理论上揭示出无激波跨音速绕流的可能性。

　　这项研究，第一次从理论计算上，得出高亚音速绕圆柱体流动的流线图，得出它的速度分布，以及在某一临界马赫数以下，流动可以加速到超音速而不致发生激波的可能性。通过这方面的研究，可以掌握高速气流的规律，了解飞机机体、机翼形状和产生激波阻力之间的关系，探索是否可能让飞机在无激波的情况下接近音速，从而为设计新型高速飞机奠定理论基础。这是一项首创性的成果，对当时航空科学在高亚音速和跨音速领域内的发展，起到了一定的推动作用。

　　面对重重困难，科学家们进行了无数次的研讨和实验。结果发现，超音速飞机的机体结构同亚音速飞机大有不同：机翼必须薄得多；关键因素是厚弦比，即机翼厚度与翼弦（机翼前缘至后缘的距离）的比率。对超音速飞机来说，厚弦比就很难超过 5%，即机翼厚度只有翼弦的 $\frac{1}{20}$ 或更小，机翼的最大厚度可能只有十几厘米。而亚音速的活塞式飞机的厚弦比是 17% 。

超音速飞机的设计师必须设计出新型机翼。这种机翼的翼展（即机翼两端的距离）不能太大，应是趋向于较宽、较短，翼弦增大。设计师们想出的办法之一，是把超音速机翼做得又薄又短，可以不用后掠角。另一个办法是将机翼做成三角形，前缘的后掠角较大，翼根很长，从机头到机尾同机身相接。

美国对超音速飞机的研究，集中在贝尔 X－1 型"空中火箭"式超音速火箭动力研究机上。X－1 飞机的翼型很薄，没有后掠角。它的动力采用液体火箭发动机。由于飞机上所能携带的火箭燃料数量有限，火箭发动机工作的时间很短，因此不能用 X－1 飞机自己的动力从跑道上起飞，而需要把它挂在一架 B－29 型"超级堡垒"重轰炸机的机身下，飞到高空后，再把 X－1 飞机投放下去。X－1 飞机离开轰炸机后，在滑翔飞行中，再开动自己的火箭发动机加速飞行。

1946 年 12 月 9 日，X－1 飞机第一次在空中开动其火箭动力试飞。

1947 年 10 月 14 日，美国空军的试飞员查尔斯·耶格尔上尉驾驶 X－1 飞机完成人类航空史上这项创举，耶格尔从而成为世界上第一个飞得比声音更快的人。

在人类首次突破"音障"之后，研制超音速飞机的进展由此加快。

◆ 横空出世的航天飞机

航天飞机的发明，实现了人类进入太空的梦想。航天飞机是集火箭、卫星和飞机技术特点于一身，既能像火箭那样可以垂直发射进入空间轨道，又能像卫星那样在太空轨道中飞行，还能像飞机一样在大气层滑翔着陆。可以说，航天飞机是一种新型的、多功能的航天飞行器。

　　航天飞机是一种垂直起飞、水平降落的载人航天器，它是以火箭发动机为动力发射到太空的，并能在轨道上运行，还可以往返于地球表面和近地轨道之间，可部分重复使用的航天器。

　　航天飞机主要由轨道器、固体燃料助推火箭和外储箱 3 大部分组成。固体燃料助推火箭共 2 枚，发射时，它们与轨道器的 3 台主发动机同时点火。当航天飞机上升到 50 千米高空时，2 枚助推火箭就会停止工作并与轨道器分离，回收后经过修理可重复使用。外储箱是一个巨大的壳体，内部装有供轨道器主发动机使用的推进剂。在航天飞机进入地球轨道之前，主发动机会熄火，外储箱与轨道器分离，从而进入大气层烧毁。外储箱也是航天飞机组件中唯一不能回收的部分。

知识小链接

轨道器

　　轨道器是指往来于航天站与空间基地之间的载人或无人飞船。它的主要用途是更换、修理航天站上的仪器设备，补给消耗品，从航天站取回资料和空间加工的产品等。由于它专门来往于各个空间站，又被称为"太空拖船"。轨道飞行器分为两种。一种是活动范围较小的，叫作轨道机动飞行器；另一种是在大范围内实行轨道转移的，称为轨道转移飞行器。

　　航天飞机的轨道器是载人的部分。它具有宽大的机舱，并可以根据航天任务的需要分成若干个"房间"。有一个大的货舱，可以容纳大型设备。轨道器中可以乘载 3 名职业航天员（如指令长或机长、驾驶员、任务专家等）和 4 名其他乘员（非职业航天员）。舱内的大气为氮氧混合气体。航天飞机在太空

轨道完成飞行任务后，轨道器会下降返航，如同一架滑翔机一样，在预定的跑道上水平着陆。轨道器可以重复使用。

作为往返于地球与外层空间的交通工具，航天飞机结合了飞机与航天器的特性，像有翅膀的太空船，外形又像飞机。航天飞机的翼在回到地球时，会提供空气刹车作用，以及在降跑道时提供升力。航天飞机升入太空时，与其他单次使用的载具一样，是用火箭动力垂直升入。因为机翼的关系，航天飞机的酬载比例较低。

如果利用航天飞机在宇宙空间设置雷达和其他先进的电子设备，不仅能对飞机、导弹进行跟踪，而且能监视跟踪地面上的坦克和海上的舰艇等活动目标。如果用航天飞机在地球的同步轨道（在这种轨道上，飞行器的飞行速度与地球的自转速度相同，即它相对于地球是静止不动的）上设置通信天线，就能接通1000万条通话线路。这样，在战场上作战的众多士兵，只要携带与手表一样大小的通话装置，就能通过通信天线和他们的指挥官直接通话，而且使用非常方便。航天飞机还能携带大型的照相和侦察设备，执行像监视潜艇发射导弹和跟踪观测导弹飞行之类的特殊任务。

航天飞机最拿手的本领是用来发射、维修和回收卫星，甚至还能用来截获和破坏敌方卫星。通常，人们把人造卫星称作"人造月亮"，所以可将俘获敌方卫星叫作"九天揽月"。将敌方的卫星揽回来后，或者没收，或者加以改装，使它为自己一方服务和工作。据报道，美国设计的一种航天飞机，在机身上开了一扇宽18米的大门，就是为了便于截获和绑架别国卫星使用的。

在未来的空间战场上，随着激光武器、粒子束武器的出现和发展，航天飞机不仅能用来击毁对方的飞船和卫星，而且还能拦截敌方正在飞行途中的导弹，甚至还能装载导弹去袭击敌方的重要目标。

　　美国宇航局曾提出建造一种可重复使用的航天运载工具的计划。1972 年 1 月，美国正式把研制航天飞机空间运输系统列入计划，确定了航天飞机的设计方案，即由可回收重复使用的固体火箭助推器、不回收的 2 个外挂燃料贮箱和可多次使用的轨道器 3 部分组成。

　　经过 5 年时间，1977 年 2 月，美国研制出了一架创业号航天飞机轨道器。1977 年 6 月 18 日，首次载人用飞机背上天空试飞，参加试飞的是宇航员海斯和富勒顿二人。8 月 12 日，飞行试验圆满完成。又经过 4 年，第一架载人航天飞机终于出现在太空舞台，这是航天技术发展史上的又一个里程碑。

　　虽然世界上有许多国家都在对航天飞机进行研发，但只有美国与前苏联成功地发射并回收过

拓展阅读

粒子束武器的威力

　　粒子束武器发射出高能定向强流、接近光速的亚原子束（带电粒子束和中性粒子束），用来击毁卫星和来袭的洲际弹道导弹。即使不直接破坏核弹头，粒子束产生的强大电磁场脉冲热，也会把导弹的电子设备烧毁，或利用目标周围发生的 γ 射线和 X 射线使目标的电子设备失效或受到破坏。带电粒子束武器在大气层内使用。中性粒子束武器在大气层外使用，主要用于拦截助推段和中段飞行的洲际弹道导弹。

这种交通工具。然而前苏联由于多方面的原因，使得整个太空计划停滞。

　　1981 年 4 月 12 日，在肯尼迪航天中心聚集着上百万人，参观第一架航天飞机"哥伦比亚号"航天飞机发射。2 天后，航天飞机安全返回。由此揭开了航天史上新的一页。这架航天飞机总长约 56 米，翼展约 24 米，起飞重量约 2040 吨，起飞总推力达 2800 吨，最大有效载荷 29.5 吨。它的核心部分轨

道器长 37.2 米，大体上与一架客机大小相仿。每次飞行最多可载 8 名宇航员，飞行时间 7~30 天，轨道器可重复使用。

进入 21 世纪后，美国航天事业发展也相当红火。2003 年，美国又一次发射了"哥伦比亚号"。然而在返回地面过程中，航天飞机突然在空中解体，7 名宇航员全部罹难。

2005 年 8 月 9 日，美国"发现号"航天飞机在美国加利福尼亚州的空军基地安全降落，结束了长达 14 天的太空之旅。这是自"哥伦比亚号"航天飞机失事后，美国航天飞机首次顺利地重返太空，并且平安回家。

2006 年，"发现号"航天飞机在佛罗里达州肯尼迪航天中心成功着陆。此次"发现号"顺利完成国际空间站维修和建设任务，并为国际空间站送去 1 名宇航员。

2009 年 5 月 11 日，美国"亚特兰蒂斯号"航天飞机从佛罗里达州肯尼迪航天中心发射升空，机上 7 名宇航员将对哈勃太空望远镜进行最后一次维护。24 日，"亚特兰蒂斯号"航天飞机载着 7 名宇航员安全降落，并圆满完成了对哈勃太空望远镜最后一次维护的飞行任务。

2009 年 7 月 15 日，美国"奋进号"航天飞机从佛罗里达州肯尼迪航天中心成功升空，启程前往国际空间站日本舱安装最后一个组件。

研制中的空天飞机

空天飞机是一种正在研究的飞行器，它的全称叫作航空航天飞机。顾名思义，它既可航空，在大气里飞行；又可航天，在太空中飞行。它是航空技术与航天技术高度结合的飞行器。

美国在 1981 年研制成功了航天飞机，成为航天发展史上的一个重要里程碑。但是，航天飞机仍存在着许多不足，主要是维护复杂、费用昂贵和经常发生故障等。而空天飞机与航天飞机相比，则更多地具有飞机的优点。它的地面设施简单，维护使用方便，操作费用低，在普通的大型机场上就能水平起飞和降落，就连它的外形也酷似大型客机。它以液氢为燃料，在大气层内飞行时，充分利用大气中的氧气。加之它可以上万次地重复使用，真正实现了高效能和低费用。

研制空天飞机最大的关键技术是动力装置。它的动力装置必须能在极广的范围内工作，即从起飞时速度为零，到进入太空轨道时的超高速度范围内都能正常运行。这就要求它的动力装置具有两种功能：一种是火箭发动机的功能，用于大气层外的推进；另一种就是吸气式发动机的功

广角镜

太空站

太空站又称航天站、空间站、轨道站，是一种在近地轨道长时间运行，可供多名航天员巡访、长期工作和生活的载人航天器。空间站分为单一式和组合式两种。单一式空间站可由航天运载器一次发射入轨，组合式空间站则由航天运载器分批将组件送入轨道，在太空组装而成。

能，用于大气层内的推进。吸气式发动机工作时，利用冲压作用对空气进行压缩液化，为其提供液氧燃料。

可以预料，空天飞机一旦研制成功，航天飞机将会被它完全代替，而地球上任何两个城市间的飞行时间都不会太久，速度有多快可想而知。

1986 年 2 月，美国正式宣布了研制一种代号为"新东方快车"的空天飞机，其速度可达音速的 25 倍。空天飞机在起飞开始时靠空气涡轮冲压发动机

提供推进动力，它利用空气中的氧与机上携带的氢产生所需的动力，起飞达到 6 倍音速后则开始使用超声速燃烧冲压发动机，它也是用空气中的氧与携带的氢提供动力，但由于速度的快速增大，所以工作运转的技术难度也就更大。在飞过大气层之后，空天飞机便依靠能在稀薄空气和真空中工作的氢氧发动机。这种混合式推进系统的使用，显然比火箭系统的发射重量大大地减轻了，所需携带的燃料也大幅度减少，除了在大气层内使用的氢和穿过大气层后使用数量已经较少的氢氧火箭燃料外，整个空天飞机是完全可以重复使用的。它的实现，将会使人类在地球与太空间来往自如，就像太空列车，在地球和太空站之间来往对开。

世界著名的飞机设计师

　　展翅飞翔是人类千百年来的追求。然而，在百年前，这个曾经被断言为"没有希望"的事业，终于展示了自己的魅力，莱特兄弟驾驶着第一架飞机成功离陆升空。飞机承载了无数人的飞行梦想，这一梦想的实现者正是各国闻名的飞机设计师们，他们的名字将永载史册！

波音——波音公司的创立者

波音公司的创立者是一位富有传奇色彩的人物威廉·爱德华·波音。威廉·爱德华·波音（1881 年 10 月 1 日—1956 年 9 月 28 日）是美国著名飞机设计师和航空工业企业家，生于密歇根州汽车城底特律。波音自幼在瑞士求学，后回美国读中学和大学，但他未从大学毕业就离校而去，1903 年开始跟随其父从事木材生意。

威廉·爱德华·波音

波音本人喜爱机械，进入航空业属于大器晚成。29 岁时，他在洛杉矶第一次见到飞机的飞行。当来自全美国的飞行先驱在洛杉矶聚会举行飞行比赛的时候，威廉·波音并不满足于坐在观众席上看热闹，而是跑去和飞行员们商量，看能不能带他上天去体验一下飞行。那时的飞行员自然看不上来自乡下的威廉·波音，毫不犹豫地拒绝了他。威廉·波音失望地回到西雅图，但他决心汲取更多有关这个新领域的知识。20 世纪初叶，飞行还是一个新事物，也没有什么实际的用途，但飞行这一充满刺激的非常体验，却激发起民众强烈的好奇心，所以在各种场合做空中杂技和带老百姓上天兜风，就成为飞行员们的主要收入来源。同年，波音又在纽约长岛目睹了美国著名飞机设计师兼飞行员寇蒂斯的飞行表演，大受激励。

　　1915 年 7 月 4 日，威廉·波音第一次乘坐了飞机。第一次飞行的经历既使他着迷、激动，又使他陡增信心。他以机械行家的眼光仔细察看这架简陋、粗糙的飞机，觉得大有改进的余地。因为这架飞机简陋至极，甚至连座舱都没有，飞行员和乘客都直接坐在机翼上。当他怀着几分恐慌的心情爬出那架在水面上摇摇晃晃的水上飞机之后，威廉·波音郑重其事地对同伴说："我们应该造出一架比这更好的飞机来。""是的，也许我们可以做到。"同伴赞同地回答。于是，他们开始实践他们共同的愿望与理想。1915 年，他与人合作设计教练机和水上飞机。

　　1916 年，波音创办了太平洋航空产品公司，不久更名为波音飞机公司，这一名字沿用至今。当年获得了美国海军的 50 架飞机的订单。该公司在第一次世界大战中曾生产战斗机，20 世纪 20 年代，波音公司开始积极发展航空运输业务。1930 年 5 月 15 日，波音公司首次在飞机上安排了一名经过训练的护士进行招待服务，这是首次使用空中小姐，空中小姐从此开始在航空客运中广泛流行。1933 年，波音 247 试飞成功，这是世界上首架现代化民用飞机，具有全金属结构和流线型外形，机上座位舒适，设有洗手间，还有一名空中小姐。此外，波音公司在 20 世纪二三十年代还研制生产了多种军用机。

　　波音公司成立之初，生产条件极为简陋。所谓的飞机制造工厂，不过是岸边的一个船坞，机翼与浮筒就在这个船坞里制作，而飞机的机身却在联合湖岸边的一个破旧的工棚里拼装。运输工具仅仅是一辆大货车。就在这样简陋的条件下，威廉·波音却雄心勃勃，要造出最好的飞机。

　　波音公司第一任总工程师是位名叫王助的华人，威廉·波音给了他在当时来说极为优厚的薪金，并委任他设计一种双座双浮筒水上飞机，这就是波音公司设计的第一种量产的飞机。王助在马丁飞机的基础上，进行了改进，效果良好，试制了 5 架准备交给海军试飞，并期望得到海军的订单。海军在试飞了两架后，即已觉得满意，于是海军就订购了共 50 架飞机。这笔 57.5 万美元的合同，在当时可不是一个小数目，它为波音公司的发展奠定了基石。随后，威廉·波音将公司改名为波音航空公司。

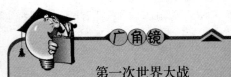

第一次世界大战

第一次世界大战（1914 年 8 月—1918 年 11 月）是一场主要发生在欧洲但波及全世界的世界大战，当时世界上大多数国家都卷入了这场战争，是欧洲历史上破坏性最强的战争之一。战争过程主要是同盟国和协约国之间的战斗。

第一次世界大战结束后，军用飞机的需求量大大减少。各个飞机制造公司都陷入了困境，波音公司也不例外。寻找飞机的新用途和新市场，成为飞机制造业的当务之急。

尽管公司经营已很困难，但威廉·波音对员工历来是呵护有加的，他宁可借债支付员工的薪水，也不轻易地裁减他们。威廉·波音坚信，公司要发展，就需要大批人才，公司要保护好这支未来发展的生力军。威廉·波音为此多次借债来支付员工的薪水。为了不使公司坐以待毙，他们就地取材生产家具，甚至还养了一群奶牛，以维持生计。公司的命运处于风雨飘摇之中。当时的许多公司因为经不起风吹雨打而破产了，威廉·波音却始终抱有坚定的信念。

1920 年 10 月 15 日，威廉·波音和艾笛·哈巴德驾机自西雅图飞往加拿大温哥华开辟新航线。试飞时，他们捎带了几十封信件。这次飞行，对波音公司和威廉·波音本人意义重大，它意味着波音飞机开始进入民用领域，同时这也是世界上第一条国际航空邮件航线。正是由于此次飞行的成功，使威廉·波音更加热心于航邮事业。

为了适应民用航邮的需要，波音公司历尽艰辛，发展出一种全新的、适合民用的飞机，这就是后来著名的 40A 型邮政机。

1927 年，波音公司赢得了旧金山至芝加哥航线的营运权。它为此成立了自己的第一个子公司——波音空运公司。波音空运公司一成立，便从母公司那里购买了 24 架 40A 型邮政机。这一购买行为又促进了母公司的飞机生产，"母子"双双得利，这是波音公司成功的营销策略之一。

飞机投入航空邮件运输，宣告了商用飞机时代的诞生，波音公司由此又开始了蓬勃的发展。威廉·波音的矢志不移和远见卓识使他成为美国民用航空业的"奠基人"。通过艰苦奋斗，威廉·波音终于为公司的发展开拓出一片蓝天。

👁️ 米高扬——米格飞机的创始人之一

1905 年，米高扬出生在阿尔明尼亚的一个贫苦农民家庭，童年时代当过放羊娃，青少年时代，他曾在第比利斯和顿河罗斯托夫求学。1925 年，米高扬进入工厂当车工，不久后又应征入伍。1931 年，米高扬离开连队进入布科夫斯基空军工程学院学习。

在学院学习时，米高扬和三位同学设计了一种小型体育运动飞机"十月号"。它的重量只有 250 千克，最大时速为 130 千米。"十月号"采用了襟翼、前线缝翼、阻力板等设计，用来改善起飞着陆性能。这在 20 世纪 30 年代初算是新技术。"十月号"曾获准投产并在社会上赢得了声誉，使这位未来的著名设计师初露锋芒。

毕业后，米高扬到一家航空工厂。该厂设计室是当时唯一的歼击机研制中心，负责人是著名设计师波里卡尔波夫。1937年，米高扬调到这里工作，正式开始了他的飞机设计生涯。不久，米高扬一跃成为这个设计室的第二把手。

在这个设计室里有位才华横溢的设计师，名叫格列维奇。米高扬和格列维奇一见如故。后来，这两位志同道合的设计师合作了几十年。虽然他们的性格迥然不同：米高扬血气方刚，精力充沛；格列维奇老成持重，沉着稳健，但这是一对理想的伙伴。两人姓氏的字头合起来便是"米格"，他们设计的飞机就是世界闻名的"米格"飞机。

1940年，米高扬和格列维奇组建了自己的设计机构——实验设计室，以后这个设计室发展成为庞大的米高扬设计局。从那时起，米高扬的"高空高速"的设计思想便成了当时该局的指导思想。米格飞机也从此开始孕育，并陆续诞生。

为了实现自己的设计理想，米高扬设计团队夜以继日地运转起来。他们仅用三个月的时间就完成了高空高速歼击机伊-200的设计。这种飞机采用木质机翼和尾翼、焊接的金属机身，并且采用了轰炸机发动机AM-35。与当时同类飞机相比，它在飞行速度、飞行高度和机动性方面占有一定优势。投产前，伊-200定名为米格-1。

米格-1设计方案看上去难度较大，然而它是现实的。设计师们充分考虑到了工厂的生产能力和技术力量，他们非常重视熟悉工厂情况的工艺员们的意见，因而生产进行得非常顺利。生产米格-1时，工厂第一次采用模线样板法。

1940年4月5日，米格-1试飞。在试飞阶段，米格-1的飞行速度达到了 628 千米／小时。在一次试飞中，米格－1 在 7000 米高度的飞行速度达到 652 千米／小时——刷新了当时的飞行速度纪录。但米格－1 也表现出了极其鲜明的两重性：它既是飞得最快的飞机，又是问题最多的飞机。设计师们对米格－1 进行了反复大量的修改。例如：在试飞初期，水散热器修改了 18 次、滑油散热器更改了 10 次。尽管如此，散热器问题仍然没有得到彻底解决。

为了解决这些问题，设计师们索性住在车间里，昼夜围着飞机转，忙碌了 117 个昼夜之后，根本问题被解决了。飞机通过了国家试验，正式投产。不久，设计师们又陆续发现了一些问题。

在米格－1 的生产过程中，设计师们对它继续进行修改，克服了主要的缺陷，经过改进之后的飞机称为米格－3。米格－3 可谓米高扬的第一部成功之作，但它的外形与米格－1 基本相同，主要性能也没有多大差别，如发动机、翼展、翼面积、实用升限等都是相同的。机长（8.25 米，米格－1 为 8.16 米）和飞行速度（640 千米／小时，米格－1 为 628 千米／小时）也差别不大。只有航程有了长足的提高，米格－3 为 1250 千米，而米格－1 和伊－200 都只有 730 千米。

此外，米格－3 还装有自动前缘缝翼，从而改善了操纵性；采用了油箱惰性气体充填系统，从而减少了火警危机；装有气压驱动的收放式起落架和活动式座舱盖。米格－3 的武器装备为一挺 12.7 毫米的机枪和两挺 7.62 毫米的机枪。

1941 年 2 月 8 日，由于出色地完成了飞机研制任务，米高扬荣获红旗勋章。但是由于采用了不成熟的试验型发动机，米格－3 仍然未能获得投产。1942 年，双发的米格－5（DIS）问世，但是由于其竞争者 Pe－2 此时早已投产，仍旧未能避免夭折的命运。

成功终于在战争结束后到来，米高杨设计局设计的米格－13（伊－250）型混合动力飞机创造了新的飞行速度纪录，其最大平飞速度达到825千米/小时，终于投入小批量生产，并且服役到1950年。

1946年的10月22日，著名的米格－9喷气战斗机呱呱坠地，正是这种飞机开辟了俄罗斯战斗机的喷气时代，而米格设计局也凭借它一举奠定了在战斗机设计的主导地位。

◉ 安东诺夫——安东诺夫设计局的创始人

奥·康·安东诺夫是前苏联最杰出的飞机设计家之一。他曾设计过多达50余种的滑翔机，奠定了滑翔机事业的基础。安东诺夫后期转为设计运输机，在以他的名字命名的设计局领导设计了多种运输机和滑翔机。

安东诺夫出生在一个建筑工程师的家庭里。或许由于父亲的影响，他自小爱好工程技术，常常自己制作小玩意。后来，他进入列宁格勒工学院，不久便爱上了制造滑翔机，安东诺夫的航空生涯就是从这里开始的。

早在1924年，他就制成了

拓展阅读

列宁勋章

列宁勋章为苏联的最高奖赏，是1930年4月6日苏联中央执行委员会主席团发布命令设立的。根据勋章颁发条例，此勋章可授予在社会主义建设和国防中建立特殊功勋的个人、集体、机关、社会团体和部队。列宁勋章章体为金质。其上的列宁头像，早期的为银质，1934—1936年的为金质，其后改为白金。

自己的第一架滑翔机，名叫"鸽子"号，可是它一点也不会飞，只能沿着斜坡滑下。初次的挫折，丝毫也没有动摇安东诺夫对航空的希望，他紧接着努力制作出了第二架滑翔机。辛勤的劳动终于开了花，这架滑翔机终于在一个14 岁小孩的驾驶下凌空翱翔了。

安东诺夫在列宁格勒工学院毕业后，就成了滑翔机制造厂的主要设计师。他的轻型滑翔机成为当时标准的滑翔机。许多飞行员在他的滑翔机上训练自己成为快速飞机的驾驶员。在国防体育的滑翔运动中，这种滑翔机也被广泛应用。安东诺夫自己也成为一个优秀的滑翔运动员，他曾驾驶过契拉诺夫斯基设计的世界上独创的抛物线形机翼的滑翔

列宁勋章

机进行了试飞。在 1932 年的滑翔运动大会上，他荣获了"A 级运动员"的称号，他驾驶着自己设计的滑翔机，进行了精彩的飞行。他的"前哨"号滑翔机创造了许多次世界纪录。

1959 年初，他设计成功了一种新型"A - 11"教练翱翔滑翔机。这是全金属的张臂式单翼滑翔机，机上装有离地后会自动收起的升降输，尾翼成 45° 装在机身上，同时起到水平和垂直安定面的作用。用飞机牵引只要滑行四五十米即可脱离地面，滑翔机的最大速度可达 200 千米/小时，可以在任何普通和复杂的气象条件下飞行。

安东诺夫的创造性思想，表现在飞机制造中，有着特别的生命力。安东诺夫和自己所领导的设计小组在近代双翼机已无用处的议论下，用杰出的技巧设计了超过当代世界上所有双翼飞机水平的"安 - 2"。这是一架单发双翼

安东诺夫

多用途飞机，具备许多其他飞机所没有的优点：它可以在田野等处起飞降落，滑跑距离只有 180 米，能做 5 米的低空飞行；设有最新的无线电导航、定向、盲目飞行和着陆设备；操纵和维护简单；载重量大，用作运输机可载运一吨半货物或十多名旅客；可作播种、灭虫、施肥、除草等四十多种用途。此外，装上浮筒可在水上使用，装上雪橇可用在雪地上。

1957 年，安东诺夫领导下的设计局研制了安 – 10 "乌克兰"式巨型客机，它比图 – 104 喷气式客机的耗油量小，可乘坐 84 名旅客，并能带 3500 千克的货物。安东诺夫还为旅客的舒适和安全，驾驶员操纵的简单作了独特的创造。

在安东诺夫主持设计局期间，他还领导设计了军用运输机、多用途运输机、旅客机以及全金属滑翔机等著名飞机。

安东诺夫把自己的一切创造才能和知识都献给了祖国的航空事业。

图波列夫——前苏联著名的飞机设计师

安德列·尼古拉耶维奇·图波列夫是前苏联著名的飞机设计师，是图波列夫设计院的创始人。他一生中曾直接参与或领导下设计的飞机不下百余种，其中包括运输机、歼击机、轰炸机、强击机、侦察机和水上飞机等，他功勋卓著，是前苏联早期飞机设计的奠基人之一。

1888 年 11 月图波列夫出生在一个公证人家庭，在中学毕业之后，于1908年进入著名的"俄罗斯航空之父"——茹科夫斯基所任教的莫斯科技术学校（现在的莫斯科包乌曼高等技术学校）学习。在该校学习期间，他是茹科夫斯基领导的浮空飞行小组的积极分子。这个小组把那些对航空科学有热情的青年人组织在一起学习理论课程，用自己制造的风洞做试验，并制造滑翔机。图波列夫很快就成了茹科夫斯基最亲密的同事。

1918 年末，由茹科夫斯基领导筹建的空气动力研究中心——中央流体动力研究院成立。当时，图波列夫就是中央流体动力研究院的领导人之一。当时正是内战进行得极其激烈的时期，困难重重，但是茹科夫斯基他们满怀信心地办起了这个研究院，为发展航空事业打下了坚实的基础。

1923 年秋，图波列夫领导设计的第一架飞机 AHT－1 完成了首次飞行。这是一架具有木材和金属结构的轻型飞机。1924 年，第二架飞机 AHT－2 问世，它采用了硬铝合金结构，是前苏联第一架全金属结构飞机。

在战争年代里，图波列夫和他的助手们为满足前线的需要，研制了一种新型轰炸机。该机载弹量大、机炮火力强，且具有较高的飞行速度和较大的航程。飞机于 1943 年末投入批量生产，1944 年参加作战。直到战后的相当长一段时间内，图波列夫设计局的主要机种都是轰炸机，从重型轰炸机，到喷气轰炸机，以及后来的"眼罩""逆火"和"海盗旗"

广角镜

斯大林奖金

斯大林奖金旨在鼓励科学技术发明和文学艺术创作。从 1941 年起开始颁发，一年一次。由有关单位和各方面的著名人士组成委员会，对已提出的候选人进行评选。斯大林逝世，这项奖金随之停止。后来，将斯大林奖金改名为苏联国家奖金。

超音速客机

战略轰炸机。

在轰炸机的基础上，图波列夫设计局开始研制运输机，图式客机的舒适性和经济性得到了大幅度提高。

图波列夫和他所领导的设计局为前苏联和世界航空工业所做出的贡献，将永远被世人铭记。

别里耶夫——著名的水上飞机设计师

格奥尔吉·米哈伊洛维奇·别里耶夫是前苏联著名的水上飞机设计师。他在1932年就设计出了世界闻名的MBP－2近距水上侦察机，该机从1932年5月首次升空到1940年，共生产了1400多架，是世界水上航空史上生产量最大的水上飞机。1937年至1940年他主持设计了装有机载弹射起飞装置的别－2和别－4飞机；1948年他主持设计了用于远程反潜航空兵的双发水上飞机别－6和多用途两栖飞机别－8；1956年设计的喷气式水上飞机别－10，1960年又设计出装有两台喷气式发动机的反潜两栖飞机别－12，该机创造了42项世界纪录。有关方面认为，俄罗斯在水上飞机领域相对其他国家有十年以上的优势，别里耶夫的贡献功不可没。

格奥尔吉·米哈伊洛维奇·别里耶夫于1903年2月13日生于一个自来水管道工人家庭，儿时的梦想是成为一名飞行员。1919年秋，别里耶夫进入铁路技术学校学习，1921年入伍，1924年他因进入第比利斯工学院而退役，没能当上飞行员的他下定决心要去制造飞机。两年后，他转学到了列宁格勒加里宁工学院学习，因为那里设有航空专业。在这所学院中，别里耶夫得到了前苏联科学界的巨星们的帮助和启迪，并从中学到了很多知识，使他受益匪浅。

1930 年，别里耶夫毕业后来到莫斯科任职，在水上飞机制造设计局工作，开始了自己的设计生涯。他先在飞机强度计算小组，然后又到了航空工厂的试验车间工作，担任主任工程师的助手，这使他有机会直接了解全金属结构飞机制造的技术，但别里耶夫的飞机设计生涯是在他到了航空工厂中央设计局后才真正开始的。

1932 年他设计出了 MBP－2 型近距水上侦察机，代号为"25 号"，这是当时性能极其出色的一款水上飞机，体现了航空科技的最新成果。张臂式机翼，光滑的蒙皮和襟翼以及带断阶的船体形机身等，而且由于采用了木质机翼，在保证强度的基础上大大降低了造价，可投入大批量生产。

MBP－2 是世界水上飞机史上生产量最大的水上飞机，同时该机也以"长寿"而著称，其在海军航空兵中的服役时间长达 20 年。在卫国战争期间，波罗的海、北海和黑海舰队的飞行员驾驶着 MBP－2 型飞机进行过空中侦察，经常与鱼雷艇相互配合，攻击敌人的舰艇和运输船只，给敌人以沉重地打击。MBP－2 飞机不仅标志着别里耶夫设计师地位的正式确定，也标志着前苏联水上航空发展进入了一个新阶段。

根据海军的要求，别里耶夫于 1936 年秋完成了双座双翼机别－2 的试验。由于该机的耐波性能不高，1940 年别里耶夫在别－2 的基础上设计了别－4 型舰载侦察机，并投入成批生产。该机是一种全金属结构的水上飞机，采用"海鸥"翅膀形状的机翼，带斜支柱，并可折叠后沿飞机轴线收起。它的水平飞行速度可达到 350 千米/小时，航程达 800 千米。这种舰载侦察机也在波罗的海充分显示了它的高超性能，在军舰上采用弹射起飞，返回则降落在水面上，然后吊上军舰，尽管弹射助推器已研制出来，但数量太少，根本不够使用，因而别－4飞机没能随舰参加作战行动。

1946年，别里耶夫水上飞机制造设计局制造出了别－6水上飞机。1951年开始投入成批生产。别－6飞机为全金属结构，"海鸥"翅膀式伸展机翼，双垂尾，装有两台活塞式发动机。别－6飞机用于远程海上侦察，可在较大作战半径内搜寻和用特种炸弹摧毁敌潜艇。

水上飞机

1965年，别里耶夫水上飞机制造设计局设计出了别－10后掠翼喷气式水上飞机。该机从1957年开始投入成批生产。别－10的船体式机身较长，后掠式机翼高高上置，机翼下安装有两台涡轮喷气发动机。别－10水上飞机首次将全部作战武器安置在机身内，总重达3000公斤，其中包括炸弹、水雷和鱼雷，它们可在飞行过程中通过后机身底部的专用防水舱门投放，被称为潜艇的"死神"。

别里耶夫在别－6的基础上研制出了世界上最大的水上飞机别－12，取名叫"海鸥"。该机的首次升空时间是在1960年，1964年开始投入成批生产。在水上飞机中，它属于两栖飞机，因为它具有出色的性能而成为使用寿命最长的水上飞机，至今仍在俄罗斯海军的各舰队中服役，它还创造了42项世界纪录。该机装有两台涡轮喷气发动机，配备有完善的机载设备，是可靠的反舰反潜盾牌。别－12飞机还有搜寻救护型和消防型等改型。在由喷气式、螺旋桨水上飞机和水陆两用飞机创造的全部世界纪录中，有50多项是由别里耶夫设计局设计的别－10和别－12型飞机创造的。

伊柳辛——伊柳辛设计局创始人

谢尔盖·弗拉基米罗维奇·伊柳辛是伊柳辛设计局的创始人，卓越的飞机设计师。

1894 年 3 月 31 日，伊柳辛出生于一个贫农家庭，12 岁时读完了乡村小学。1910 年他只身来到彼得堡，到机场当一名建筑工人。1914 年，伊柳辛被征入军队，分配到彼得堡机场担任发动机机械员。不久，他又被送入航校学习，1917 年毕业，并成为一名飞行员。

1931 年，伊柳辛正式开始了他的飞机设计工作。1933 年，伊柳辛主持组建了独立的飞机设计局，并担任总设计师，该局主要从事轰炸机、强击机和大型旅客机的设计。

伊柳辛设计局设计的第一架飞机是 DB－3 型轰炸机。它的试飞结果非常理想，性能不亚于当时其他国家的同类型产品。成机于 1936 年 8 月装备前苏联空军，并曾在当年五一劳动节的活动中，在红场上空做了精彩的飞行表演。

伊柳辛是从该局设计的第二架飞机——伊尔－2 强击机开始闻名的。伊尔－2 强机于 1939 年设计制造，它具有独特的系统，能携带专门的反坦克炸弹，机身装有防护装甲。

1946 年，伊柳辛设计局研制的第一架喷气式轰炸机伊尔－22 开始试飞，它装有四台涡轮喷气发动机。1948 年，该局又设计制造了第一架喷气式前线轰炸机伊尔－28，它装有两台离心式涡轮喷气发动机，采用平直上单翼，时速为 900 千米。以后，伊柳辛设计局又设计制造了伊尔－46 和伊尔－54 轰炸机。伊尔－46 和伊尔－28 在外形上没有什么区别，但最大航程可达 5000 千米，最大载弹量为 6 吨，时速为 930 千米。伊尔－54 和以前的飞机区别较大，机翼后掠角为 55°，采用自行车式起落架，同时第一架后掠翼喷气式强击机伊尔－40 也顺利地通过了国家鉴定。

拓展阅读

红 场

红场是俄罗斯首都莫斯科市中心的著名广场，位于莫斯科市中心，西南与克里姆林宫相毗连，原是前苏联重要节日举行群众集会和阅兵的地方。西侧是克里姆林宫，北面为国立历史博物馆，东侧为百货大楼，南部为瓦西里布拉仁教堂，临莫斯科河。列宁陵墓位于靠宫墙一面的中部，墓上为检阅台，两旁为观礼台。

1943 年，伊柳辛设计局开始了旅客机的设计工作。1946 年，第一架旅客机伊尔－12 试制成功，它装有两台活塞式发动机，有 27～32 个客座。接着，该局又制造了伊尔－14 旅客机。这两种飞机的质量都很好，曾在前苏联民航和空军中广泛使用，世界上先后有 20 多个国家购买了这两种飞机。

1947 年，又一种新型旅客机伊尔－18 问世。它可载客 60 人，起飞重量 42 吨，装有两台活塞式发动机，以时速 500 千米巡航时，最大航程可达 6200 千米。但它没有投入批量生产，因为当时政府要求航空工业尽快向喷气式方向发展。十年之后，装有四台涡轮螺旋桨发动机的伊尔－18 问世，载客量为 110 人。这是该局的第一种装有涡轮螺旋桨发动机的飞机，也是当时在国内航线上使用最普遍的旅客机。

1967 年 9 月 15 日，新的大型旅客机伊尔－62 投入航班飞行，这是伊柳辛设计局最成功的设计成果之一，它可以与当时美国的波音 707 和 DC－8 相媲美。该机装有四台涡轮风扇发动机，经济巡航速度为 820～900 千米/小时，最大航程为 9820 千米，最大载客量 186 人。

📷 梅塞施米特——二战著名战斗机的设计者

威利·梅塞施米特 1898 年 6 月生于德国莱茵河畔的法兰克福。早年，他是个滑翔机爱好者。1913 年，只是个中学生的梅塞施米特制作了一架全金属的滑翔机，显示了他在飞机设计方面的才能。1923 年，他获得慕尼黑工程大学机械电气系的学士学位。

梅塞施米特对飞机设计制造有浓厚的兴趣，即使在紧张的学习中对此也念念不忘。当时学生获得学位，还没有论文答辩这种形式，而是必须作出必修课程的研究报告。学校指定的课题是设计起重机。梅塞施米特却大胆地向校方提出要求设计滑翔机，他认为飞机也是一种起重机。梅塞施米特的要求遭到大部分考试委员会委员的拒绝。通过努力得到了相关负责人的支持，梅塞施米特的设计终于得以通过。

第二次世界大战中，梅塞施米特所主持的飞机公司成为德国最大的飞机制造商之一，他设计制造了许多著名的飞机。例如被称为"德意志之鹰"的 Me－109；世界上首架以火箭发动机为动力的战斗机 Me－163；世界上最早投入实战使用的喷气式战斗机 Me－262 等。

梅塞施米特主持设计的诸多名机中，最具代表性且最值得一提的是 Me－109。这是因为该机是专门为发动战争设计的，且在整个二战中充当了德国空军的主力。Me－109 从战争爆发一直使用到战争结束，从欧洲打到非洲，参加了德国空军进行的所有空中战役。

该机是德国在战争中生产数量最多的一种战斗机，也是第二次世界大战中生产量名列前茅的机种之一（列第二位）。Me－109 总共生产了 35 000 架，总装备数占德国全部战斗机装备数的 60%。战时还提供给罗马尼亚、保加利亚、芬兰等国；战后还曾出口给以色列空军，并且西班牙也进行了仿制。

该机是二战中德国空军使用最多的一种战斗机，战争中德国空军的王牌飞行员、王牌飞行队都采用了 Me – 109，如著名的世界头号王牌飞行员哈特曼曾驾驶它取得过击落 352 架地机的骄人战绩。

Me – 109 是应战争的需要而设计的。当时的巴伐利亚公司（后改为梅塞施米特公司）承担了该机的研制工作。在梅塞施米特的领导下，1935 年 Me – 109 问世，该机在设计中吸收了大量国外飞机的先进技术和成功经验，采用下单翼、全金属结构和后三点起落架。动力是一台 DB – 601 活塞式发动机，功率为 1100 马力，驱动一副三叶螺旋桨。Me – 109 外形简洁轻巧，长 8.8 米，翼展 9.8 米，高 3.6 米，起飞重量 2605 千克。同以往的德国战斗机相比较，Me – 109 最大的技术改进有两处：一是机翼下无支撑；二是起落架可收放，这使得该机作战更灵活，机动性也更好。该机结构非常简单，大量采用了高强度的薄板、开槽的铸件、冷挤压件和镁合金部件，检查和维修也十分便利。

在二战初期，Me – 109 的性能优于其他国家的绝大部分主力战斗机，其竞赛型曾在 1939 年 4 月创造过时速 755 千米的活塞式飞机速度纪录。

之后，梅塞施米特曾一度侨居西班牙，在那里设计过 HA – 100、HA – 200 教练机和 HA – 300 超音速战斗机。

基本小知识

教练机

教练机是训练飞行员从最初级的飞行技术到能够单独飞行与完成指定工作的特殊机种。无论是操作军用或者是民用飞机的飞行员都需要经过一些相同的训练程序，使用类似的教练机完成基础飞行课程。常见的教练机分类方式有两种，分别是两级制与三级制。两级制分为初级与高级教练机。三级制分为初级、中级与高级教练机。

梅塞施米特所设计的飞机，从滑翔机到战斗机、教练机及垂直起落飞机，种类繁多。他所拥有的专利有数百项。梅塞施米特公司几经变迁，后发展为拥有 2 万多职工的最大的航空宇航公司——MBR 公司。

◆ 苏霍伊——苏式飞机的创始人

帕维尔·奥西波维奇·苏霍伊，前苏联著名的飞机设计师，是前苏联喷气式超音速飞机的创始人之一。他曾两次获得社会主义劳动英雄称号，世界闻名的苏霍伊飞机设计局，就是以他的名字命名的。

拓展阅读

水冷发动机

以水或以水为主要成分的防冻液作为冷却介质的发动机，称为水冷发动机。它在气缸及缸盖的内壁铸造出一些可以流通水的通道，并在发动机机体之外设有专门的散热器，通过水泵和管道使冷却水强制循环，然后用冷却风扇使空气高速吹过散热器的散热片表面，带走发动机散出的热量，使发动机冷却。它的优点是，缸体和缸盖刚度好，振动小，噪声小，不容易过热，因此它被现代多数汽车采用。它的缺点是结构比较复杂，质量较重，要经常补充冷却液，冷起动较慢。

苏霍伊于 1895 年 7 月出生于格卢博科耶镇。从少年时起，他就对航空产生了浓厚的兴趣。19 岁那年他中学毕业后，进入莫斯科大学物理数学系学习。然而，他听说莫斯科高等技术学院优秀的航空科学专家尼格莱·儒可夫斯基讲课出色，就立刻转学到这个教学基地来。苏霍伊非常幸运，他聆听到了"前苏联航空之父"儒可夫斯基的教诲，并且能够在前苏联著名的飞机设计家安德烈·图波列夫的直接指导下准备毕业论文。这些航空科学与工程学的杰出人物对未来的军用飞机设计师苏霍伊产生了很大的影响。

图波列夫很欣赏苏霍伊这位年轻工程师的才华，邀请他在中央航空动力学院设计部任职。在这里，他第一次作为一名工程设计师担负工作。1936 年苏霍伊被派往阿穆尔河畔的共青城，在那里的一个飞机厂设计部担任领导工作。

在设计部工作这段时间中，苏霍伊参加了全金属安特－5 战斗机的设计工作。这种飞机采用活塞式水冷发动机，在前苏联空军中服役很长一段时间。为了增加飞行速度，在这种飞机上试验安装了喷气助推器，使其在机动性方面处于世界领先地位，爬升率表现得也很出色。

20 世纪 30 年代初期，苏霍伊和他的小组接受了研制一种高速、单座、单翼战斗机的任务，名为伊－4。这架飞机装有可收放的起落架、密封座舱盖、光滑的机翼蒙皮，以及为缩短滑跑距离而安装的机轮刹车系统，这些技术在当时都是刚刚问世的突破性成果。两门机炮和两挺机枪也使该机成为当时火力最为强大的飞机之一。

苏霍伊还参加了安特－5 型长航程特种飞机的设计工作。1934 年，前苏联飞行员驾驶这种飞机在闭合航线上创造了续航时间和航行距离纪录，1937年又完成了不着陆飞行。在这之后不久，在苏霍伊的指导下又设计出一种安特比斯飞机，前苏联女飞行员曾驾驶它飞行了 6000 千米，创造了女机组航程的纪录。

1938 年苏霍伊组建了由他的名字命名的飞机设计局，接着就开始设计一种新式飞机。在对设计方案进行一系列修改之后，飞机研制成功并交付使用。这是一种多用途飞机，可用作侦察机、攻击机、短程轰炸机和高速轰炸机的护航机。该机航程 850 千米，最大时速 378 千米。战争期间，飞行员驾驶这种飞机完成了侦察、轰炸、空中突袭等作战任务。

1943 年下半年，苏－型双座装甲攻击机设计和试验成功了，它装备多种武器，具有很强的火力。战争快要结束时，苏霍伊领导的设计局又开始了苏－远程攻击机及高空高速战斗机的研制工作。

1949 年，苏霍伊设计局共设计过 13 种飞机，其中除少量生产之外，其余的未能投入生产。

20 世纪 50 年代初，苏霍伊第二次组建设计局，设计了一系列性能优秀的歼击机，并使该设计局成为前苏联歼击机的两大设计集团之一（另一个是米高扬设计局）。

针对前苏联空军提出研制米格－9 歼击机的后继机的要求，苏霍伊设计局和米高杨设计局各研制两种歼击机：一种后掠翼昼间歼击机，一种三角形机翼全天候歼击机，参加设计竞争，获胜者将投入生产。苏霍伊为此而设计的飞机为苏－7 和苏－9 双双获胜。

苏－7 飞机 1953 年开始设计，1955 年首次飞行，1958 年投产，1959 年进入前苏联空军服役，并取名为"装配匠"。苏－7 的第一个生产型是苏－7B，为后掠翼单座歼击轰炸机，采用机头进气，机翼后掠角为 60°，机身截面呈圆形。由于机翼面积大，载弹量多，低空投弹性能好，后来成为前苏联空军的标准歼击机，大量装备前线航空兵。在苏－7 型基础上研制的第一种变后掠翼飞机苏－17，也成为苏联航空兵的主力机种之一，并出口至东欧各国。

苏－9 的机身和尾翼与苏－7 完全一样，但机翼为三角形，前缘后掠角为 57°，属于高中空中程防空歼击机。该机未装备机炮，完全用导弹拦截目标，取名为"捕鱼笼"。

时至今日，苏霍伊虽然已去世多年，但苏霍伊设计局在其继任者伊凡诺夫等的领导下，仍不断地推出新型的作战飞机，尤其是苏－27 系列，已经走在了世界的前列。人们永远不会忘记这位伟大的创业者——帕维尔·奥西波维奇·苏霍伊的名字。

马塞尔·达索——达索公司的创始人

　　马塞尔·达索于 1892 年出生在法国巴黎的一个犹太人家中，原名马塞尔·布洛赫。1913 年，他毕业于法国高等航空学校，随后从事螺旋桨设计工作，他设计的螺旋桨装备了当时法国的好几种飞机。第一次世界大战期间，他在法国航空技术处工作，并与幼年时代的同窗好友亨利·波太兹一起创立了航空设计公司。他们设计的双座战斗机很受法国军方的欢迎，订货量高达 1000 架。

　　第一次世界大战结束后，和平时期飞机的订单急剧减少，达索被迫暂时改行。1928 年，法国内阁增设航空部，他立刻重新投身于自己喜爱的航空事业，并且仍与波太兹合作。

　　第二次大战中，达索拒绝和德国合作，被关进了集中营。直到 1945 年才被释放出来，获释后他立即飞回法国。有趣的是，据说这是达索第一次，也是他一生中唯一一次乘坐飞机。

　　1946 年，马塞尔·布洛赫改名达索（这是他兄弟在战时抵抗运动中使用过的化名），并在法国南方第三次建厂造飞机，当时他已经 54 岁。不久，他加入了戴高乐组织的"法国人民联盟"，并当选为国会议员。

　　第二次世界大战后，达索所领导的公司得到了迅速发展。从 MD. 315 "红鹤"双发轻型运输飞机和教练飞机开始，相继研制了"飓风"战斗轰炸机、"神秘"战斗机、欧洲第一种在平飞中超音速的"超神秘"B2 战斗机、"军旗"和"超军旗"舰载攻击机以及著名的"幻影"系列战斗机，还有"隼"式行政飞机等。"超神秘"B2 战斗机参加过 1967 年中东"六天战争"；阿根廷装备的"超军旗",1982 年在英阿马岛战争中发射"飞鱼"导弹击中了英国的"谢菲尔德"号和"大西洋旅游者"号军舰,曾轰动一时。

1967 年,达索公司与布雷盖公司合并,进一步加强了实力,目前已成为世界航空航天工业的主要厂家之一。数十年来,达索一直工作在飞机设计、制造的第一线。从早期的 MD. 315"红鹤"飞机,到最新的"暴风"飞机,他都亲自参加设计和制造工作,决定飞机的性能参数,确定飞机的几何尺寸、计算机翼的载荷、选择发动机型别等。

你知道吗

戴高乐

夏尔·戴高乐(1890—1970 年),法国军事家、政治家,曾在第二次世界大战期间领导自由法国运动并在战后成立法兰西第五共和国并担任第一任总统。戴高乐支持发展核武器、制定泛欧洲外交政策、努力减少美国和英国的影响、促使法国退出北约、反对英国加入欧洲共同体,这一系列思想政策被称为"戴高乐主义"。戴高乐曾被法国民众评选为"法国历史上最伟大的人"。

达索是一位杰出的工程师,富于创造,总是渴望了解新事物。他不仅善于实践,并从中吸取经验教训,同时也非常注意学习他人的成功经验,但又不赶时髦、脚踏实地。在每一个新方案中,采用一些较为成熟的新技术,稳步发展。尤其是在"幻影"系列战斗机的发展中,集中体现了为人称道的法国航空工业的"渐改法"。

1986 年 4 月 18 日,马塞尔·达索逝世,法国总理、两院议长、军方和工业界许多要员都参加了他的葬礼。法国总理在致词中说:"达索的逝世是法国的一大损失,他是在世界航空史上留下了光辉业绩的几个幸存的先驱者之一……"

掘越二郎——二战 "零式" 战斗机的发明者

"零式"战斗机

"零式"战斗机,轻便灵活,火力强大,在二战开始的相当长时间里性能大大超过了其他战斗机,使日本法西斯一度掌握了空中优势。在二战中,"零式"飞机的出动相当频繁,几乎每一次日本空中行动都有它的身影,它就像笼罩在浩瀚的太平洋和广阔的东亚大陆上空的魔鬼,是日本法西斯的锋利屠刀。"零式"飞机的设计者就是已故的飞机设计师——掘越二郎。

掘越二郎 1903 年 6 月生于日本群马县,1927 年毕业于东京帝国大学航空系,1929 年至 1930 年在德国容克斯公司、美国寇蒂斯公司深造。我们可以认为,掘越二郎在"零式"飞机的设计上,也借鉴了一些德国和美国飞机设计的经验。

1934 年 2 月初,日本军方要求航空工业部门设计一种时速在 352 千米以上,能在 6 分 30 秒爬升至 5000 米高度的战斗机。三菱和中岛两家公司参加了竞争。次年 2 月 4 日,三菱公司以掘越二郎为首的"九试单战制作小组"的"九试单战"实验型飞机首飞成功。它是日本第一种实用型的下单翼战斗机,也是世界上最早的单翼舰载战斗机种之一。"九试单战"创造了在 3200 米高度时速 450 千米的惊人纪录,远远超过了军方的要求。1936 年,"九试单战"更名为 96 式舰载战斗机,由三菱公司佐世保海军工厂和九州飞机工厂共同制造。

日本海军鉴于 96 式舰载战斗机研制的成果，于 1937 年 5 月 19 日又提出设计时速超过 500 千米，航程达 3000 千米，能在 3 分 30 秒爬升到 3000 米高空，作战性能优于 96 式并装有 20 毫米机炮 2 门、7.7 毫米机枪 2 挺和携带 2 枚 60 千克炸弹的所谓"万能战斗机"。

海军把设计要求同时交给两家公司。一家公司认为条件太苛刻，无法达到而退出了竞争。另一家公司在 34 岁的掘越二郎领导下，组成一个平均年龄 24 岁的 29 人设计组。在 96 式基础上，大胆采取减轻飞机重量的一切措施，如铆钉由 3.5 毫米减到 3 毫米，不必铆的地方一律不铆；在构件上钻出大量小孔等，同时为减轻飞机的重量也放弃了对飞行员的安全保护，飞机上取消了飞行员的防护钢板，也不用自封闭式油箱。这种完全漠视飞行人员生命安全的设计方法，只有当时蛮横的军国主义独裁政权才能采用。

掘越二郎选用了瑞星 13 型 14 缸 875 马力发动机。这架试验型飞机代号为"12 试舰战"，于 1939 年 3 月 16 日在名古屋工厂制成出厂，4 月 1 日正式试飞。经过一系列试飞，日本海军给新飞机编号为 A6M1 型。后来飞机改装中岛的"荣" 14 缸气冷式 950 马力发动机，编号为 A6M2 型。

1940 年 7 月 21 日，15 架 A6M2 型战斗机在横山保上尉及进藤三郎上尉率领下，编成两个中队，飞往中国。7 月 31 日，日本海军正式采用"12 试舰战"，因为这一年是日本纪元 2600 年，为纪念这个年份，新飞机被命名为"零式"舰载战斗机。

在太平洋战争的前两年，"零"式战斗机性能超过盟军各种战斗机。"零式" A6M2 战斗机最大时速高空为 534 千米，海平面为 454 千米，航程达 3000 千米。当时其他国家同类飞机多数仅装备 12.7 毫米机枪，最高时速约 500 千米，航程多在 1000 千米以内。

　　"零式"战斗机的优异性能引起了盟国的惊恐。为了弄清日本怎样在工业基础比较薄弱的情况下，制造出性能突出的战斗机，美国军方在阿留申群岛上的一个无人小岛上缴获了一架被迫降的"零式"战斗机，对其结构进行了分析研究。

　　1943 年 3 月，盟军在中太平洋的吉尔伯特群岛登陆。空战中，性能优异的 F6F "恶妇"式战斗机登场。该机时速 594 千米，装有 12.7 毫米机枪6 挺，其作战性能优于"零式"。特别是该机结构非常牢固，中弹与坠毁的比例为 9 比 1，成为"零式"战斗机最厉害的对手。而 P－51 "野马"战斗机的出现，更使"零式"战斗机雪上加霜。从此，"零式"战斗机失去了昔日不可一世的威风。

　　掘越二郎拼命研制"零式"战斗机的后继机"烈风"但很不顺利，飞机不是被损坏就是被炸毁，还没能来得及使用，日本就投降了。在二战期间，"零式"飞机总计生产 10 000 架以上。随着日本侵略者的惨败，横行一时的"零式"战斗机和它的设计者掘越二郎，一起退出了战争舞台。

　　日本战败后，新宪法规定不能设立军队，自卫队的军费预算不能突破国民生产总值的 1%。日本空中自卫队主要装备美国飞机及其仿制品。掘越二郎在战后没能像其他国家的飞机设计师那样，在喷气时代施展才干，而是在新三菱重工业总公司任技术部次长。1961 年他被任命为名古屋飞机制造所顾问，1962 年任日本航空学会会长，1982 年逝世。

世界王牌飞行员

　　王牌飞行员这个称号最早出现在第一次世界大战期间，一般是指击落敌机超过 5 架的飞行员。世界上第一位王牌飞行员是法国的罗朗·加洛斯。世界上击落飞机最多的几位王牌飞行员均出现在"二战"时期，"二战"后随着战争的减少王牌飞行员也越来越少。

　　王牌飞行员凭借精湛的驾驶技艺和过人的驾驶天赋，高傲地翱翔于蓝天之上，为天空留下了绚丽的一抹。他们在执行飞行任务中表现出来的领导能力与个人成就同样闻名于世，他们是世界公认的英雄。

　　罗朗·加洛斯冒险在飞机桨叶上安装钢质偏导板成功地挡开了射在螺旋桨上的子弹；曼弗雷德·冯·里希特霍芬在"一战"中击落 80 架飞机，位居德国飞行员之首；伊凡·尼·阔日杜布是唯一击落德国喷气式战斗机的空军骄傲；"空中百合"丽达·李托娃一生中曾参加 66 次空战，击落飞机 12 架……

空战英豪——罗朗·加洛斯

1911 年 9 月 4 日，罗朗·加洛斯驾驶一架"桑德斯·戴蒙"式飞机创造了 3910 米的飞行高度纪录，12 月 11 日又飞到了 5610 米，他还经常参加竞速和竞远比赛，并第一个飞跃了地中海。"一战"爆发后，他毅然报名参加了法国航空队，走上了战场。

刚刚加入空军，罗朗·加洛斯便被飞机上无法使用机枪进行有效射击的难题所困扰，为此，他与一名叫雷蒙·索尔尼埃的朋友一同进行了机枪断续器系统的试验研究，其目的是让飞机上的机枪可以通过

罗朗·加洛斯与"福克"式飞机

螺旋桨旋转的空隙射击，当桨叶转到枪口时，机械装置使机枪停止击发，以免击中桨叶。但是试验表明，由于击发后子弹点火的迟滞，断续器的效果并不好，罗朗·加洛斯索性去掉断续器，在桨叶上安装钢质楔形偏导板，以挡开射在螺旋桨上的子弹。实际上，这一举措相当危险，钢质楔形偏导板并不能完全消除子弹的冲击，而且还很容易造成螺旋桨的折断。但也正是靠着冒险精神，罗朗·加洛斯成为了历史上第一个王牌飞行员。

1915 年 4 月 1 日，罗朗·加洛斯驾驶着加装偏导板的莫拉纳·索尔尼埃 L 型飞机起飞，执行侦察德军的任务，但真正的目的是试验他的新式武器。很快，一架德军飞机进入眼底，这家伙显然也发现了罗朗·加洛斯，但看他

驾驶的是单座飞机，不像是装有武器，并且机头正对着自己飞来，就算有武器也无可奈何，因此并未将罗朗·加洛斯放在眼里，仍不紧不慢地驾驶，殊不知已大祸临头。600 米，500 米，距离越来越近，德国飞行员已能清楚地看到罗朗·加洛斯，正当他想绕到侧面用机枪开始攻击时，对面的飞机头部令人难以置信地喷出一道火光，子弹准确地穿过挡风玻璃，击中他的头部，阿尔巴特罗斯飞机像断线的风筝，翻滚着坠落到地面，整个过程不过短短几秒钟。

这就是罗朗·加洛斯的第一次空战胜利。

凭借着一身绝技和单座战斗机的良好机动性能以及准确的机头射击，加洛斯在此后的空战中所向披靡，不过 20 天工夫，他便又取得了击落 2 架、迫降 2 架的战绩，名噪一时。法国各大报纸竞相报道他的事迹，赞美之词无以复加。终于一家报社将"Ace"送给加洛斯，它令其他所有赞美之词都黯然失色，也从此成为空战英雄的称号。这一词就是中文中的"王牌"，击落 5 架飞机也就从此成为"王牌"的标准。

但加洛斯没有想到，他的辉煌很快就终止了。1915 年 4 月 18 日，他驾驶的飞机在德军上空中弹，他降落在德军阵地，被俘达 3 年之久。而他的秘密武器也落到了德军手中，德军工程师对加洛斯的设计进行了改进，完善了断续器，并将其应用于新型的"福克"战斗机上。自此，德军一举掌握了空中优势，英法空军被打得抬不起头来，这段历史被称为"福克式灾难"。

 ### "红色男爵" ——曼弗雷德·冯·里希特霍芬

曼弗雷德·冯·里希特霍芬在第一次世界大战中共击落 80 架飞机，位居德国飞行员之首，同时也是一战中世界王牌飞行员的第一位。然而，他的魅力却远不止于此。

里希特霍芬出身名门，体格健壮，相貌英俊，性格坚毅，办事果敢，勇猛好斗，技艺不凡。他凭着盖世无双的战功以及他那独特迷人的作战风格慑服了无数人的心，也包括痛恨他的敌人。他驾驶着那架使其得名的"红色男爵"大红色阿尔巴特罗斯三翼战斗机席卷整个西线战场，像一团熊熊燃烧的火焰，四处滚动，给敌人带来痛苦、恐慌、惊悸和战栗，给自己人带来欢乐、喜悦、慰藉和自信。里希特霍芬奇特而巨大的魅力使他成为人类空战史上最负盛名的空中英雄之一。

1916 年 2 月 21 日，旷日持久的凡尔登战役开始，协约国空军在数量上占据优势，但德国充分利用尖子飞行员，组成机动灵活的狩猎小队，保持住了空战的主动权。里希特霍芬被选入了一位名叫奥斯瓦尔多·波尔克的天才飞行员领导的第 2 狩猎小队。

你知道吗

凡尔登战役

1916 年 2 月开始至 12 月结束，发生在法国凡尔登地区因而得名。凡尔登战役是第一次世界大战的转折点。战争标志着德国军事进攻的能力已从顶峰跌落，战争主动权逐渐转到协约国手里。

1916 年 9 月 17 日，他首次升空，便击落 1 架英国飞机。至 11 月底，他已击落 10 架飞机，声名鹊起。

到了 23 日，天空晴朗无云，里希特霍芬驾驶他的深红色飞机在 3000 米高空巡逻，突然，前方出现了以英国王牌霍克为首的 3 架敌机。嗜杀成性的里希特霍芬立即扑了过去，但霍克也非等闲之辈，立即拉起升高，占据了有利位置，并抢先开火。

"嗒嗒嗒……"里希特霍芬迅速左右摆脱，但霍克紧追不放。双方在天空疯狂地大兜圈子，20 个回合过去，谁也不能占到丝毫便宜，各自都不禁暗暗佩服对手技艺精湛。僵持中，两人的飞机已不知不觉降至 1500 米，并且深入了德军上空腹地。按道理，霍克应退出战斗，但杀红了眼的他冲里希特霍芬挥了挥手，示意继续；里希特霍芬被这一手势激怒了，双方完全摆出一副誓不罢休的架势。

终于，霍克知道在德军上空久战对自己不利，又没有把握短时间内战胜对手，便想且战且退。他做了一连串的筋斗和其他机动动作，自以为可以摆脱敌机了，哪知就在他开出的一瞬间，红色的身影鬼魅一般地出现在他的后方。一连串的子弹射了过来，绝望的霍克一面左右规避，一面试图拉起回到己方领空再战。里希特霍芬怎肯让到嘴的猎物跑掉，他一次次地瞄准射击，

拓展阅读

协约国

协约国是第一次世界大战中以英国、法国、沙皇俄国为主的国家联盟，还包括南斯拉夫等欧洲国家。它与以德国、奥匈帝国为中心的同盟国集团形成了第一次世界大战的对立双方。"一战"中后期，美国、日本、中国等一些国家也先后加入协约国集团，而俄国在十月革命爆发后退出了战争。最终，协约国赢得了第一次世界大战的胜利。

终于击中了霍克的头部，飞机当即坠地爆炸。

这是里希特霍芬击落的第 11 架飞机，也是他击落的第一位王牌。不久，他荣获普鲁士最高奖赏——"功勋奖章"。

1917 年 1 月，里希特霍芬升任 11 中队指挥官。4 月，阿拉斯战役爆发，德军的尖子飞行员令占据数量优势的英军损失惨重。整个 4 月，共击落英机 150

架和法国、比利时飞机 200 架，其中，他的中队击落 89 架，他本人则击落 21 架，英国人称阿拉斯战役的空战为"血的四月"。此时里希特霍芬已击落敌机 52 架，超过了被称为"空战之父"的前辈，击落 40 架敌机的奥斯瓦尔多·波尔克。

6 月，里希特霍芬担任了第 1 狩猎大队指挥官，换装了新型 Dr – 1 型飞机，并涂上红颜色和螃蟹图案，更加如虎添翼。在数量上处于劣势的情况下，他们采用了一种叫作"空中马戏团的"战术，数架飞机编成圆圈队飞行，每架飞机攻击前方飞机的同时都有另一架飞机作掩护，犹如马戏团的表演，故而得名。

1918 年 4 月 21 日，这是一个难忘的日子，作为曾击落协约国飞机 80 架的王牌飞行员，他的纪录终止了。在这天，里希特霍芬率领 9 架"福克"飞机巡逻时，同加拿大飞行员布朗率领的 15 架飞机相遇，一场血战不可避免地展开。战争后期，协约国的飞机性能和飞行员素质都有了较大的提高，混战中德军飞机一架一架被击落，杀红了眼的里希特霍芬紧紧咬住一架敌机不放。布朗看到危险，立即赶来对准这架红色三翼战斗机的尾部进行了干扰性攻击，激动的里希特霍芬转过头来就撞向布朗，布朗急忙向右避开。二人翻翻滚滚地缠斗在一起，旗鼓相当，不一会儿双方的飞机都负了伤，但未丧失战斗力。

聪明的布朗且战且退，将空战引入己方上空；里希特霍芬紧追不舍，在

里希特霍芬座机

100 米的高度上，协约国地面士兵用步枪和机枪对他猛烈射击。这突如其来的攻击命中了里希特霍芬，他头部中弹，飞机坠毁在战壕里。

尽管英国和加拿大为是谁击落的里希特霍芬而争吵不休，但他们还是共同为这位带来深重灾难的敌人举行

了隆重的葬礼，以示对他的尊敬。

噩耗传到德军，引起了更加强烈的震动，他们难以相信里希特霍芬竟然会被击落，甚至有人疯狂地计划用 20 个师的兵力、5000 门大炮去抢回他的尸体。德国人后来为里希特霍芬建造了一个博物馆，建筑原料全部是由战利品拼凑而成。战后重建的新德国空军中，他的名字被用于命名第一个喷气式战斗机联队——第 71 联队。二战中德军头号王牌埃里希·哈特曼任首任队长，该联队至今仍被保留。

◆ 战鹰——伊凡·尼·阔日杜布

伊凡·尼·阔日杜布是前苏联的卫国战争中诞生的巨星。他在战争爆发的第 3 年奔赴战场，至战争结束时已打下德国飞机 62 架，位居空战射手榜榜首，而且也是包括美、英在内的整个反法西斯盟军射手榜的第一名，同时他还是苏军中唯一曾击落德国喷气式战斗机的飞行员。阔日杜布是连获 3 枚"苏联英雄"金质奖章仅有的两名飞行员中的一个，是前苏联空军的骄傲。

伊凡·尼·阔日杜布

欧美人习惯将"13"看成不吉利的数字，可阔日杜布不信这个邪，他的战机上赫然印着"13"这个号码，"雄鹰 13"，就是他在战斗中的代号。

1920 年 6 月 8 日，阔日杜布出生于乌克兰肖斯特卡的奥布拉耶夫卡村，世代务农。小时候他胆子小得出奇，根本不像是一个飞行员。是父亲的言传身教，逐渐使小阔日杜布学会了勇敢、坚强和面对困难决不退缩的勇气。1938 年，16 岁的他进入了肖斯特卡化学工艺学校学习，在那里，他迷上了飞行，并加入了当地的航空俱乐部。

1940 年，欧洲战争已进入了第 2 个年头，前苏联政府正在加紧备战，以防不测。阔日杜布如愿以偿地进入了丘吉耶夫卡的歼击机航校，在那里，他勤奋学习，刻苦钻研，很快就成为同期学员中的佼佼者。1941 年，阔日杜布以优异成绩毕业，眼看伙伴们兴高采烈地被分配到战斗中队，自己却得留在学校任教，他心中非常不服气，在校领导的多次规劝下，才算是暂时安定下来。在培养新学员的同时，阔日杜布并没放弃上阵杀敌的愿望，他一面精雕细琢自己的驾驶和射击技术，一面不断研究新的战术。日后能取得如此辉煌的战绩，是同他这一段时间的积累分不开的。

1943 年春，苏军又一次大力扩充战斗部队飞行员队伍，阔日杜布终于实现了上天作战的愿望。他被分到 302 歼击师，主要负责南线作战。3 月下旬的一天，阔日杜布随部队飞往前线，为轰炸德军的强击机护航。在前线上空，看到地面高炮的火光和爆炸的烟雾，他首次体会到了在地面永远也体会不到的紧张与恐惧。这时，敌机出现了，阔日杜布的大脑中一片空白，熟悉的空战动作要领一下子忘得干干净净。1 架，2 架……共有 6 架 Me – 109 型飞机围住了他。他们可能看出来这是个新手，想拣个便宜；阔日杜布使出了浑身解数，做了无数个机动，总算是驾着受伤的飞机冲出了包围。

第一次作战实在是令人不愉快，好在阔日杜布逐渐找到了战斗飞行的感觉，发挥得越来越好，尽管仍然未能击落敌机，但他的才能已逐渐显示了出来。7 月初，卫国战争的转折点——库尔斯克会战打响。开战的头一天，阔日杜布随队拦截一队德国轰炸机，他们兵分两路，一路缠住敌护航战斗机，他则随另一路直奔轰炸机而去。战斗中，阔日杜布机智地咬住一架落单的亨克尔轰炸机，就在敌机狼狈逃窜的同时，他按住了扳机，一下子打光了全部子弹，尽管距离较远，还是有几发命中，亨克尔轰炸机冒烟坠向了地面。

广角镜

库尔斯克会战

库尔斯克会战是第二次世界大战期间苏德战场的决定性战役之一，这场战役被称为世界上最大的坦克战，参战装甲部队坦克超过 5000 辆，空军部队参战飞机也超过了 2000 架。

虽然打下了一架敌机，但阔日杜布对自己并不满意，开火距离过远，一次射击就打光子弹，这在空战中是不允许的，他从此制定了一条原则——近距离长短击发结合打击敌人。库尔斯克会战苏军大获全胜，阔日杜布也取得了骄人战果，一个半月中，他打下 7 架德机，被任命为大队长，获得"战斗红旗"勋章，并被吸收为共产党员。在入党仪式上，敌机来犯，阔日杜布向首长敬礼后，驾机起飞，干净利落将一架敌机揍得凌空开花，为自己的入党日献上了一份厚礼。

走上了领导岗位的阔日杜布，立即显示出优秀的指挥和管理才能。他不仅多次率领大队胜利完成战斗任务，而且从严治军，注意加强新飞行员心理素质和思想觉悟的培养，带出了一支技术过硬、英勇顽强、敢打敢拼的战斗机队伍。

1944 年初，德军节节败退，在乌云低垂雪雾弥漫的隆冬时节，阔日杜布找到了一种在低空利用地形掩护攻击的战术，将战绩翻了一番，达到 20 架，获得了第 1 枚"苏联英雄"勋章。

1945 年春，阔日杜布在战争中已打下 49 架战机，获得了第 2 枚"苏联英雄"勋章。4月，柏林战役开始，阔日杜布不停地出击，战绩继续上升。这时，一架德国喷气式战斗机登场了。这种飞机在二战末期才出现，它总是突然出现，高速进攻，打完就跑，由于速度奇快，根本无须后半圈保护，也很难追上，阔日杜布很想见上一见。机会终于来了，1945年4月24日，在奥得河上空巡逻时，他发现了一架外形陌生的战斗机，心怦怦跳了起来，这就是喷气式飞机。阔日杜布绕到了它的背后，德国人显然只注意前面了，根本没有发现身后黑洞洞的枪口。这时，阔日杜布忍不住首先开火，德机惊慌失措，却不幸飞到了阔日杜布面前，他当即开火，德国人声称能扭转战局的秘密武器就这样在空中开了花。

5月8日，德国宣布无条件投降，阔日杜布以出动330次、空战120次、击落敌机62架的纪录位居前苏联和整个反法西斯盟军王牌首席，荣获第3枚"苏联英雄"勋章。

大战结束后，阔日杜布并未中止蓝天征战生涯，朝鲜战争爆发后，他率领一个歼击机师进驻中国东北，支援中朝人民的反侵略战争。由于他威名赫赫，斯大林亲自下令不许他升空作战。

1985年5月7日，在纪念卫国战争胜利40周年之际，前苏联最高苏维埃主席团授予他空军元帅军衔。

"坏小子" ——理查德·邦

理查德·邦是美国陆军航空兵飞行员，以击落日机40架的纪录成为全美头号王牌飞行员，而且在战争期间，他被授予一种特权，他可以随时随地参加任何他想参加的战斗，无须请示上级批准。由于他顽皮胆大，在飞行学员期间，时常违犯军纪，捅了不少娄子，人送外号"坏小子"。

理查德·邦

1920 年邦出生于威斯康星州的波普拉城，1941 年入伍，参加陆军航空队学习飞行，1942 年 1 月从航校毕业。在校期间他是出名的调皮捣蛋、不服管教、屡犯校规者，但邦却具有极高的飞行天赋，几乎是与生俱来的良好的空间感觉和灵敏的反应使他可以轻松地完成各种复杂的飞行动作，并成为校内出类拔萃的飞行员。

毕业前，邦擅自驾驶一架新式 P-38 战斗机在旧金山市上空大肆表演，一时兴起后，他一头扎向水面，从金门大桥的桥墩钻了过去，惊得旁观者目瞪口呆。然后他又飞回闹市区，在大街上空骚扰行人，最后又放肆地飞到陆军航空队的司令部，在上司的眼皮子底下明目张胆地绕着办公楼转圈子；吃惊的女职员挤在窗户前向外观看，他居然还向她们挥手致意。

1942 年 12 月 27 日，隶属于第 5 航空大队的邦第一次驾机升空作战。12 驾 P-38 飞机从莫尔兹比基地起飞，在 5400 米高空中遭遇日军 30 多架"零式"战斗机。队长林奇一声令下，P-38 飞机立刻抛掉副油箱，冲向敌机，一场混战随即展开。邦第一次看见涂着膏药的日本飞机，而且有这么多，满天飞舞，子弹乱飞，几分钟内几乎不知所措，他不停地对自己说："怕什么，镇定！"才逐渐缓过劲来，技术要领也清晰地回到了脑海中。

一架倒霉的日机恰巧出现在前方，邦立即加大油门追了上去，用瞄准镜牢牢套住，一按电钮，"零式"机侧身中弹，歪歪扭扭地飞了一段便一头栽了下去。随后，邦很快又干净利落地打下一架飞机。头一次参战便有 2 架进账，他高兴得恨不得站起来，高举双手大喊大叫一番。

很快，邦就向人们证明了打下敌机绝不是靠运气，10 天之内，他又打下 3 架飞机，在同期参战的飞行员中第一个成为王牌。

1943 年 3 月，太平洋战争中美军展开全面反攻，邦在拉包尔上空大显神威，战绩扶摇直上。7 月底，他已击落 16 架飞机，成为第 5 航空队的头号杀手。

1944 年 4 月 12 日，邦的战绩

你知道吗

太平洋战争

太平洋战争是日本法西斯发动的侵略战争，是第二次世界大战主战场之一，是民主力量与法西斯势力在全球最广阔海域的大冲撞。太平洋战争以日本偷袭珍珠港为先导，以日本投降结束，参战国家多达 37 个，涉及人口超过 15 亿，交战双方动员兵力在 6000 万以上，历时三年零几个月，伤亡和损失难以统计。

达到了 27 架，超过了美国人心中超级空战英雄的象征的一战头号王牌里肯巴克。在击落了 30 架敌机后，邦应召回国培训新飞行员。在训练基地，他毫无保留地将自己的飞行和射击方面的心得灌输给那些后生小辈，还将美日飞机作了对比，分析了日军每种飞机的特点以及应采取的攻击和防御战术。当然，他没有忘记继续提高自己的技术，以期重返战场杀敌立功。可是，当时太平洋战局已日趋明朗，美国不愿在胜利的前夜再损失这名优秀的人才，严禁邦参战，命令他继续当教官。但是，不甘于此的邦还是偷偷地回到了太平洋战场，2 天之内击落 3 驾敌机后，他终于获得了可以随时随地参加空战，无须上级同意的特权。没有了阻挡，邦的战绩终于上升到了惊人的 40 架。

"理查德·邦，一个在新几内亚至菲律宾之间主宰了整个天空的人。"这

就是麦克阿瑟将军为邦授勋时对他的评价。

1945 年 8 月 6 日，就在美国向广岛投下第一颗原子弹的同一天，邦驾驶 P－80 喷气式飞机试飞时因机械故障不幸遇难，他还差 95 天满 25 岁。

◆ 王牌中的王牌——埃里希·哈特曼

对于那些矢志要当世界头号王牌杀手的世界各国王牌飞行员来说，埃里希·哈特曼一定是最招他们痛恨的人。因为这位德国空军战斗机飞行员在第二次世界大战中，以击落 352 架的战绩创下了世界空战史上令人匪夷所思的纪录，这座很可能是永远也无法攀越的高峰，迫使哈特曼的后来者们无可奈何地永久生活在他的山峰下！

埃里希·哈特曼 1922 年 4 月 19 日出生于德国符腾堡地区魏斯扎赫城，1925 年曾跟随开诊所的父亲来到过中国，1929 年回国。他对飞行的兴趣和从小受到的良好的熏陶是同他的母亲分不开的。1936 年，作为一名具有冒险精神的航空体育运动爱好者，他的母亲建立了一家滑翔俱乐部，正在读中学的哈特曼加入了俱乐部。1937 年底，他先后获得 "A" 级、"B" 级和 "C" 级的滑翔机驾驶员证书，并成为希特勒青年飞行团的教员。

1939 年 9 月 1 日，欧洲战争爆发，半年后，高中毕业的哈特曼报名参军，进入德国空军第 10 训练团。很快，他在飞行和射击方面的天赋就显现了出来，他特别喜欢近距离射击，而不是当时流行的远距离射击，高超的射术令同行望尘莫及。

可是，同其他超级王牌飞行员大多首次升空作战便有战果不同，哈特曼第一次参加空战时，就像一个初学飞行者，不仅颗粒无收，而且犯了许多低级的错误。

1942年10月4日，哈特曼作为勒斯曼的僚机，在格罗尼兹和迪戈拉一带做警戒飞行时，奉命截击一队敌机。耳机中传来长机的声音："左前下方有敌机，靠拢，站位，攻击。"可哈特曼怎么也找不到敌机的影子，还与长机拉开了距离。终于，2架绿色的飞机出现在前方，距离200米，这家伙顿时心跳加速，热血上涌，立刻把长机抛在一边冲了上去。在300米距离上，他疯狂开火，一下子打光了全部子弹，可惜全部落空，还差一点撞到苏机上。待哈特曼避开后，才发现自己已深陷苏机包围，机长又不知所终，哈特曼急忙钻进一片云层，穿出云层后发现没有敌机，他才松了一口气。

"别怕，我在掩护你，快穿云下降与我会合。"耳边又传来长机的声音。哈特曼依命下降，却发现一架飞机直奔而来，他又害怕起来，而且始终无法摆脱对方。两机越来越近，哈特曼缩着脖子，躲在防弹钢板后面，很奇怪对方为什么不开火。终于，他摆脱了"敌机"，却因为油料不足迫降在公路上，被德陆军士兵送回了基地。

大队长的一顿臭训已在等待着他。擅自离开长机，抢占长机攻击位置，擅自躲进云层，将长机误认为敌机，为了这几条罪状，哈特曼被罚在地勤工作3天。但此役中他吸取了许多教训，从此在空战中不再盲目出击，而是逐渐开始冷静地观察和判断，一个可怕的杀手逐渐成长起来。

1942年11月5日下午，哈特曼在迪戈附近起飞，拦截8架伊尔-2强击机和10架米格-3战斗机。混战中，他死死咬住一架伊尔-2，瞄准其最薄弱的滑油散热器开火，敌机当场在空中爆炸，哈特曼终于打破"光蛋"。可谁想，由于他跟得太近，又脱离较晚，爆炸的碎片击中了他的飞机，待哈特曼迫降在地面上时，舱内的浓烟已熏得他几乎窒息——想不到第一次胜利竟然是"同归于尽"。

哈特曼在不断地进步，在实战中，他总结了一套"观察—判断—攻击—脱离或暂停攻击"的战术，这同当时流行的盘旋并远距离开火的战术完全不同。凭此战术和自己的高超技术，哈特曼的战绩开始发疯一般涨了起来。1943 年 8 月 17 日，他击落架数已达到 80 架，平了一战第一王牌里希特霍芬的纪录；10 月 29 日他击落了第 150 架飞机，平均每月打下 18.5 架，5 天打下 3 架，被授予"铁十字"勋章。

哈特曼驾驶的飞机头部有一个像黑郁金香花心的箭头，前苏联飞行员给他起名"南方黑色魔鬼"，一见到这个标志就远远避开。因此在一段时间里，他竟然无事可做，只好同僚机互换坐骑，才算有了战斗的机会。1944 年 7 月 1 日，哈特曼已击落 250 架飞机，希特勒亲自为他颁发了"剑柏骑士"十字勋章；8 月 24 日他的纪录已超过了 300 架，获得了德国空军的最高奖励——"钻石骑士"十字勋章。

1945 年 5 月 8 日，就在德国宣布无条件投降的这天，哈特曼在执行最后一次任务中，击落了第 352 架飞机。为不使对苏作战的王牌落到前苏联人手中，上司命令他飞往多特蒙德，向英军投降，但最终哈特曼没有丢下自己的部队，率 200 人的队伍向美军投降，很快便被移交给了苏方，在那里，他被判了 25 年徒刑，1955 年才被释放。

哈特曼加入了重建的联邦德国空军，并担任了以里希特霍芬的名字命名的 71 战斗联队指挥官，装备 F－86MKV1 喷气式战斗机。1970 年 9 月 30 日，哈特曼退出现役。

"空中百合" ——丽达·李托娃

丽达·李托娃，第二次世界大战时期前苏联战斗英雄，世界上第一位女王牌飞行员，曾荣获"苏联英雄"称号。她一生中参加 66 次空战，共击落敌机 12 架，在二战中女性飞行员中名列第一，有"空中百合"的美称。

1921 年，丽达·李托娃出生于莫斯科，这个工人家庭出身的女孩对航空飞行有着浓厚的兴趣。她 16 岁时就参加了飞行学校的训练，只待 4 个小时后，便可以驾驶波－2 型飞机放单飞，表现了出众的飞行天赋。

丽达·李托娃

1941 年 6 月 20 日，法西斯德国对前苏联发动了闪电战，苏军猝不及防，损失惨重。国难当头，政府号召妇女们参加空职，保卫祖国。丽达毫不犹豫地报了名，并很快通过波－2 教练机的训练，进入雅克－1 战斗机中队，投入伏尔加河下游重要城市萨拉托夫的保卫战。

1942 年春天，德国飞机经常借着沉沉夜色的掩护偷袭，女飞行员和男飞行员一样，昼夜轮班坐在战斗机的座舱内待命出击。到了 9 月，丽达首开纪录，用 20 毫米机炮和 7.7 毫米机枪齐射，击落一架容克 JU－88 轰炸机。

不久之后，丽达·李托娃和另一名女飞行员卡加·普达诺娃被派到斯大林格勒战区。这里情况比萨拉托夫更加艰巨。那里只不过是夜间对付笨重的轰炸机。而这里却是白天和最老练的 Me－109 和 FW－190 战斗机的驾驶员交手，前苏联许多优秀的男飞行员相继在战斗中牺牲。丽达加入的是第 73 战斗机中队。队长巴拉诺夫一看来了两个女飞行员，立刻命令她们返回原队。亲身体会到战争的残酷后，他不愿看到妇女去冒险，不论丽达如何解释，巴拉诺夫一概不允。这时，队中王牌阿列克塞·萨罗曼帮了丽达，她被允许作为阿列克塞的僚机。

　　第二天一早，丽达的飞机紧跟在阿列克塞的飞机后面起飞，在作战责任区巡逻了 10 分钟。突然，阿列克塞的飞机急速下降，紧接着来了一个特技跃升。丽达没有弄清怎么回事，也只好拼命地握紧驾驶杆和操纵油门，跟随在长机的斜后方，不要被甩掉。她认为这是阿列克塞故意考验她的战术动作。返回基地后，丽达才知道，这是一场实战，阿列克塞和另一飞行员配合击落了一架德国 Me－l09 战斗机，而她连敌机的影子也没有看见，但是她出色的驾驶技术还是得到了大家的一致赞扬。丽达和卡加终于被允许可以升空作战。

　　过了一些日子，基地运来了新式的全金属雅克－9 飞机，续航力和火力都得到加强。丽达由于身材矮小，坐在雅克飞机的座舱里，眼睛看不到前面，脚够不着脚蹬，所以她的飞机必须经过改装才能使用。

　　斯大林格勒战场上，丽达随着阿列克塞参加了一系列激烈的战斗。至 1942 年末，丽达共击落 6 架敌机，成为世界上第一名王牌女飞行员。1943 年，在斯大林格勒战场上苏军大胜，丽达的战绩增到击落 10 架敌机。地勤人员都很喜欢这个文质彬彬、略显羞怯的少女，丽达的名字和俄语里百合花"丽丽亚"的发音接近，因此，大家都亲切地称她为百合花，特意在她的飞机上描绘一串百合花，每击落一架敌机，增加一朵花。

　　年轻的女飞行员技艺日趋成熟，她击落的第 10 个猎物，是一个有二十几

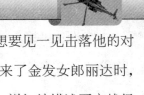

架纪录的德国王牌飞行员。这家伙跳伞被俘后，提出想要见一见击落他的对手，想必是一位双料王牌飞行员。一会儿，当翻译请来了金发女郎丽达时，骄傲的德国王牌被激怒了，但丽达安静地坐在椅子上，详细地描述了空战经过：高度、位置、自机和敌机的动向、射击时机以及这位王牌驾驶员的疏忽。面对这些只有当局人才能讲出的内容，德国飞行员无言以对。

战斗越来越激烈，一天要出击数次，丽达把生死置之度外。她的飞机被击中过两次，一次迫降，一次跳伞。1943 年 8 月 1 日，9 架前苏联飞机在马林诺夫卡和斯特巴诺夫卡一带守卫，与 4 架 Me－109 和 6 架 FW－190 战斗机交锋，敌机群还有 30 多架容克轰炸机。战斗结束后，丽达的飞机再也没有返回基地。美丽纯洁的百合花凋谢在俄罗斯的土地上。

丽达的牺牲使基地人员为之垂泪。她在这次战役中击落敌机 2 架，先后共击落 12 架。由于遗体始终未能找到，大家并没有为她举行葬礼，每天中队晚上点名时，都要呼唤她美丽的名字。

在顿涅茨克以东 90 千米的库拉斯尼，人们为纪念这位伟大的女战士，建造了一座高大的纪念碑，碑上是她的半身雕像。她迷人的笑容，永远留在人们的心中。

奇闻趣事

　　在飞机的发展过程中，梦想飞翔的人们付出了种种努力。既有奋勇拼搏的成功典范，也有徒劳无功的失败教训，在它们背后还有很多不为人知的奇闻趣事。这些事件虽然对航空的发展没有产生重大影响，但引起了社会的广泛关注，丰富了人们的生活内容。

宋庆龄和 "乐士文" 号飞机

中国早期航空史上，有三位航空女杰，其中两位——朱慕菲和张瑞芬都是驾驶飞机翱翔蓝天的女飞行员，而另一位则是不会驾驶飞机的宋庆龄。很多人都对连飞机都不会驾驶的宋庆龄被誉为航空女杰而感到奇怪，这其中却有一段鲜为人知的故事。

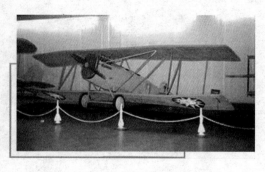

"乐士文"号飞机模型图

1923 年 6 月，中国国内第一架飞机在广东制造成功，7 月，将在广州大沙头机场举行隆重的飞机试飞仪式。一直关心中国飞机发展事业的民主先驱孙中山闻讯后十分赞许，偕同夫人宋庆龄女士一起前往大沙头参加了试飞典礼。主持这架飞机试飞的是当时被孙中山任命为广东航空局局长兼飞机制造厂厂长的杨逸仙。他向孙中山报告说，这是一架双座飞机，飞行时除驾驶员之外，还可以携带一名乘客上天。因此他想邀请孙中山的一位同行者作为乘客参加试飞。孙中山听了十分高兴，就转身问了问身边的随从人员，看谁有兴趣做这个中国制造的飞机的第一个乘客。

但随从人员听了，都很害怕，他们都对飞行的安全性心存忧虑，身子都不自觉地往后缩。孙中山微笑着，眼睛从他们脸上一个一个扫过去，但是没有看到任何人响应。正在孙中山感到忧虑的时候，突然身边传来一位女士的声音："我上！"孙中山仔细一看，原来是站在自己旁边的夫人宋庆龄。在场的所有人都吃惊地看着宋庆龄，孙中山脸上的微笑也消失了，他严肃地打量着夫人，仿佛不相信刚才听到的话。宋庆龄感觉好像刚才的话别人没听清楚，就平静的复述了一遍："还能再上一个人参加试飞。我上！"她又转向孙中山，微笑着问道，"可以吗？"笑容再次出现在孙中山脸上，他这次不但听清楚了，而且非常欣赏夫人的勇敢从容。他赞许了。

于是，宋庆龄戴上飞行帽和护目镜，登上了飞机，当天由飞行员黄光锐驾驶飞机，在广州上空飞行了两圈。飞机在空中时，机上听不见地面上人群的欢呼和掌声，但是地面上的人群中，这种欢呼声却自始至终一直没断——这是希望的放飞，这是进取的宏图大展，这是对全体航空人员亲切的慰问和无比的信任！

整个飞行过程中，除了兴奋的群众，还有一个人也在目不转睛地观看这次飞行，他就是这架飞机的研制者杨逸仙。杨逸仙，1891年出生于广东香山县（今中山市），是孙中山的同乡。他父亲是旅美爱国华侨，他也自小旅居美国，并在长大后就读于美国夏威夷大学。

杨逸仙受父亲影响，对祖国有深厚的感情。孙中山建立的同盟会在檀香山成立支部时，杨逸仙是第一批会员之一。孙中山见到他时，曾对他说："我字逸仙，你名逸仙，两个字完全一样，真是巧合。"杨逸仙回答说："不是巧合，而是我敬仰先生，特地将我的名字取先生的'字'。"加入同盟会后，杨逸仙认识到革命救国必须拥有新式武器，便转到加利福尼亚大学研读机械专科。后来他又转到纽约茄米斯大学航空系，专门研究水路飞机机构性能和驾驶技术。因成绩优秀，飞行技术精湛，他获得了万国飞行协会水上飞机和陆上飞行的执照。

孙中山一直是中国近代航空工业的倡导者。他作为中国民主革命的先驱，为了实现外御侵略、内除军阀、统一全国的目的，大力倡导"航空救国"，并多方开辟途径，培养航空人才，发展航空事业。辛亥革命前，孙中山在筹划革命期间，就曾游历了英、法、美、日等国，目睹了西方飞机的发明、发展以及具体应用情况，他深刻意识到飞机对于军事作战及国家建设的重要性，努力提倡发展航空事业。1911 年 12 月下旬，孙中山致函海外革命党人，请他们协助组建飞机队。1915 年底至 1916 年春，袁世凯阴谋称帝，全国掀起了声势浩大的讨袁运动。孙中山亲自指挥作战，发表了《第二次讨袁宣言》。其后，孙中山赴日本重建革命队伍，制定了中华革命党革命方略，特别将"掌握飞船（飞机）飞艇之编制装配、制造、修理"列入海军部组织条例第六条中。

孙中山在推动近代航空工业发展中，特别重视航空人才的使用和奖励。1918 年，由于当时革命形式的发展，孙中山写信号召杨逸仙回国。孙中山对杨逸仙说："你对于飞机学问，一向研究很深，希望你这次能尽力展现你的才能。帮助广州军队，除去军阀，建功立业。"他还说，在现在这种风云变幻的局势下，如果能得到杨逸仙的帮助，革命一定会有起色。

杨逸仙积极响应了孙中山的号召，回国参加革命。1919 年，援闽粤军正式成立飞行队，杨逸仙任总队长。1920 年，广东莫荣新叛变革命，杨逸仙亲自驾驶飞机轰炸广州观音山的叛军，帮助革命军将广州从叛军手中收复。杨逸仙担任航空局长兼飞机制造厂厂长后，随即组织工程技术人员成立了工程科，负责飞机的制造和维修工作。孙中山和夫人宋庆龄也十分关心飞机的制造，多次去工厂视察、慰问。

宋庆龄作为中国制造飞机的第一个乘客，在广州上空绕行两圈，对于从事航空的人员来说，无疑是莫大的鼓舞。当时人们对飞机还持有不了解的心态，特别是由于当时中国工业落后，人们对自己国家制造的飞机还不敢信任，所以当杨逸仙邀请一个群众作为乘客的时候，无人应声。这时，宋庆龄却无畏地站出来，镇定地登上飞机，并成功跟随飞机飞行两圈，无疑大大增加了飞行员和航空技术人员的信心。

飞机着陆以后，出于对宋庆龄的钦佩，全体在场人员联名请求用宋庆龄在美国求学时的英文名字的广东话英译——"乐士文"来命名这架飞机。孙中山也欣然接受了众人的建议，并与夫人在飞机前合影留念。随后，宋庆龄还坐在飞机座舱位置留影纪念。

"乐士文"号飞机为双翼机，机身主要由是木质结构和钢管焊接混合制成，对角以钢丝连接加强，外部以层板蒙盖。这是双人座机，可以作为军用侦察机、教练机、轰炸机等。发动机为一台无盖板、水冷式仿詹尼 4B 型美国寇蒂斯公司生

趣味点击　　鱼雷

鱼雷是一种水中兵器，它可以从舰艇、飞机上发射，它发射后可以自己控制航行方向和深度，遇到舰船，只要一接触就可以爆炸。它用于攻击敌方水面舰船和潜艇，也可以用于封锁港口和狭窄水道。

产的 OX－5 型 8 气缸活塞式螺旋桨发动机，飞机翼展 10.16 米，机长 6.40 米，总质量为 730 千克。垂直尾翼采用当时英国和德国的一些教练机、战斗机的混合体，运用金属杆加强。该机巡航速度约 120 千米每小时，装有炸弹架，可带 4 枚 25 千克炸弹。"乐士文"号试飞后交航空队使用，曾参加攻击惠州叛军陈炯明部的战斗。同年 10 月底，陈炯明派奸细深夜潜入大沙头飞机库纵火，"乐士文一号"和一部分飞机器材同遭焚毁。1923 年 9 月，杨逸仙在

"乐士文"号

一次战斗中，在使用鱼雷前，因鱼雷在地面意外爆炸也不幸捐躯了。

今天，在广州黄花岗烈士陵园内杨逸仙的墓碑上，还有"乐士文"号飞机的模型。此外，在中国航空博物馆，以及其他一些航空展览馆内，都陈列着"乐士文"号飞机的模型。在航空爱好者和青少年中，传诵着宋庆龄在我国航空事业的早期，就身体力行支持过航空事业发展的故事。出于这个原因，将宋庆龄与另外两名优秀飞行员并称为中国早期航空女杰也就无足为奇了。

➡️ 任飞机自由飞翔

20 世纪初飞机被首次用于飞越英吉利海峡时，飞机在茫茫海峡中央，驾驶员前后看不到海岸，约有 10 分钟不能辨别方向。驾驶员只好松开操纵杆任飞机自由飞行，最后成功飞越了海峡的地理阻隔，在欧洲大陆和英伦三岛之间首次架起了空中桥梁。

在 20 世纪的前 10 年内，各国热心研制飞机的航空先驱们，陆续推出不同机型的飞机，飞机的性能也在不断得到提高。1909 年 6 月，法国的布莱里奥驾驶他自己研制的布莱里奥 XI 型飞机首次成功地飞越了英吉利海峡。这是一架小型单翼机，于 1908 年 12 月在巴黎展览会上首次亮相。它的翼展有 7.8 米，长度为 8.8 米，是布莱里奥所研制的第四个成功的型号，于 1909 年 1 月首次试飞。

基本小知识

单翼机

单翼机指仅有一个主机翼的飞机，现代飞机的主要机型。按是否带有撑杆，单翼机可分为带撑杆的单翼机和不带撑杆的张臂式单翼机，应用最广泛的是张臂式单翼机。张臂式单翼机通常简称为单翼机。按机翼相对于机身上下位置的不同，张臂式单翼机又可分为上单翼飞机、中单翼飞机和下单翼飞机。

布莱里奥曾在巴黎学习工程。在1900年他设计过一架扑翼飞机，但飞行试验失败了。挫折并未阻止他继续研制合用的飞机。他在1905年与人合作研制过水上的滑翔机，以后又试验过几种双翼机。尔后他转向研制单翼型的飞机，第一种成功的型号为布莱里奥 V 型，1907 年飞上了天空，可以说是世界上最早成功的单翼机。

布莱里奥用来飞越英吉利海峡的 XI 型飞机，与莱特兄弟等早期的飞机相比，可以看出设计上变得更加简洁，并逐渐具有了后来的先进飞机的模样。比如，莱特兄弟的飞机上，除了几块大面积的蒙布翼面之外，其他部分都是裸露的构架。并且机翼、水平翼面和垂直翼面都是双份，螺旋桨也是双份，由单台发动机用链

拓展阅读

双翼机

双翼机是有上下并列配置的两副机翼的飞机。两副机翼前后配置的飞机称串翼机。双翼机的上下机翼用支柱和张线连成一个承力的整体，组成一个空间桁架结构。双翼机是旧式飞机。在现代的飞机中，除对载重量和低速性能有特殊要求的小型飞机外，双翼机已不多见。

条带动。而布莱里奥XI型飞机上已经初步呈现出机身、机翼和尾翼等部件的形状。

布莱里奥XI型飞机座舱内还设计了一个很奇特的接头，呈倒置的杯形，被称为"钟"，是布莱里奥在1908年获得的一项专利。这个接头连接四根钢索，其中两根是操纵机翼的左右倾斜，另两根则用来操纵尾部的升降舵，而方向舵则用脚蹬来操纵。这种操纵方式，到今天仍为许多飞机普遍采用。

1909年7月25日这天清晨，布莱里奥很早就起床了。几天前，在一次飞行事故时他还有一只脚烧伤了。这天清晨他开上汽车在外面兜风。看到连续刮了几天大风的天气开始变好，于是他在清晨4时35分驾驶他的单翼机起飞，正式开始飞越海峡。他首先飞越一座沙丘，见到一艘护航的驱逐舰正在海上等候。10分钟后，飞机飞过了驱逐舰。布莱里奥转头四面看看，顿时惊讶地发现他已经找不到那艘军舰，也看不到英国和法国的海岸，他正独自一人飞行在茫茫的海上，四面什么都看不到。他迷失方向达10分钟之久，处身在陌生的海域，孤立无援地飘荡在海峡中央的上空。他只好把手和脚轻放在操纵器上，让飞机自己去飞。

在离开法国海岸20分钟之后，他终于看到了英国多佛尔的峭壁、城堡。海风已经使飞机偏离了航向，他当时的位置已经在预定着陆点西南的一段距离之外。他用脚蹬控制飞机向西转弯，但峭壁附近风力很大。这时他看到峭壁上有一块开阔地。虽然还可以继续飞行一个半小时，但他认为海峡已经

广角镜

英吉利海峡

英吉利海峡，又名拉芒什海峡，是分隔英国与欧洲大陆的法国，并连接大西洋与北海的海峡。它是国际航运要道，历史上曾在此发生多次军事冲突和海战。

飞过了，便在那块绿草如茵的开阔地上着陆，就这样胜利地完成了首次飞越英吉利海峡的壮举。

今天，这架布莱里奥XI型飞机，还保存在法国巴黎的国立工艺博物馆内。正是早期的飞机，逐渐飞越地球上一个又一个地理障碍，才成就了今天的飞机能在全球运输及远距离军事行动中发挥越来越大的作用。

🔎 海岸在哪一边

第一个飞越大西洋的飞行员，在筋疲力尽时见到下方汹涌的海浪中的渔船。有渔船便离陆地不远了，但陆地在哪一方？

1919 年，美国纽约饭店的老板奥泰格发出悬赏：第一个从纽约不着陆直飞巴黎的人可获 25 000 美元的奖金。在随后的六七年里，有不少飞行员作过尝试，但都没有成功。这说明当时的飞机要飞越地球上像大西洋这样的地理障碍还很艰难。要完成这样的跨越，除了保证飞机本身的性能以外，还需要加上驾驶员的英勇、毅力和技巧。也许，还需要几分运气。

林　白

美国一名邮政飞机的驾驶员林白，研究过前人失败的教训之后，开始设计自己的越洋飞行。林白认为首先必须让飞机减轻一切不必要的重量。他需要选择一种非常合适的机种，并且需要有人支持他将这种飞机买下来。他终于说服了瑞安飞机制造公司，这是位于圣地亚哥的一家小公司，他们答应将一种单发动机飞机仅以 6000 美元的低价卖给林白。

后来有人这样描写这架飞机："这是一个长着翅膀的巨型油箱，外加一副螺旋桨和一个驾驶座。"甚至有人把这架飞机戏称为"飞行油桶"。飞机装的发动机功率是 165.4 千瓦，这种发动机到 1925 年还没有发生过任何意外。飞机最大速度为 216 千米每小时，续航能力可达 6400 千米。而从巴黎到纽约的直线距离为 5600 千米，飞机预计航程还有 800 千米之多。

林白和飞机设计师进行了深入讨论，对飞机进行了改装，将油箱从后面改在前面，以便增加容积。这样一来他的前方视线完全被遮挡住了，不得不通过装在机舱上的潜望镜来观察前方。飞机取名为"圣路易斯精神号"，以纪念捐款支援他这次探险飞行的圣路易斯市。为了减轻重量，林白决定取消飞机上与安全无关的全部设备，如收音机、发报机，以及食品柜。他在飞行中只带 5 个三明治和 3 瓶水，甚至连刮胡刀和牙刷都不带。他甚至不惜将地图上没有用的部分撕掉，以减轻那一点点重量，因而他只能凭推算来飞越一望无际的海洋。他飞越大西洋时只穿着一套飞行服，带着祖父送给他的一只怀表。

1927 年 5 月 20 日清晨 7 时 54 分，林白从机场起飞。起飞时飞机装满了燃油，重量很大，以至滑行很长距离都不能升空。眼看飞机即将冲到跑道尽头，这次万人瞩目的飞行在没有离地之

拓展阅读

潜望镜

潜望镜是指从海面下伸出海面或从低洼坑道伸出地面，用以窥探海面或地面上活动的装置。其构造与普通的望远镜相似，区别是另加两个反射镜使物光经两次反射而折向眼中。潜望镜常用于潜水艇。

前就要失败时，飞机的机轮碰到跑道上一个小土包，使飞机颠簸着离开了地面。一旦离地，飞机就缓慢地连续上升，逐渐取得了高度。林白终于安全地起飞了，向东方辽阔的大西洋飞去。

飞行 5 小时后，空中突然刮起大风，前方飞来一片乌云，一场暴风雨即将来临。空中不停地闪电，飞机速度减慢，上下左右摇晃，飞机有时被抛起来，有时又降到离海面只有几米高。在飞行了 6 小时，航程 960 千米之后，林白已经有倦意。他与自己的疲劳作斗争，振作精神集中注意力操纵飞机。

夜深了，天空中繁星点点，不久又是浓云密布，星光全部消失了，四周漆黑一片。晚上 23 时左右，机舱内温度下降，林白感到脸上刺痛，这时飞行高度是 4500 米。他用手电筒向机窗外一照，看见机翼的支柱上结着白色的冰块，使他大吃一惊。

飞机飞行 28 小时后，一阵雨过后，林白强打精神继续飞行。这时天色转晴。他看到下面的海面上有 4 艘渔船。有船就说明离岸不远了。由于整晚飞机被海风吹得东移西晃，他拿不准离已经被风刮离计划的航线有多大的距离。他绕着渔船低飞，向下大声喊道："海岸在哪一边？"他希望渔民听到他的喊声后，哪怕只是用手臂向某个方向一扬，说明那是离岸最近的方向，他向那个方向飞就有把握多了。但海上风浪滔滔，渔船机声隆隆，渔民根本没有听到头顶的飞机上的呼唤。

广 角 镜

罗 盘

　　罗盘是理气宗的操作工具，主要由位于盘中央的磁针和一系列同心圆圈组成。每一个圆圈都代表着中国古人对于宇宙大系统中某一个层次信息的理解。

林白只好继续根据磁罗盘的指示向东飞去，不久他飞到了英国上空。能看到地标后情况就好多了，他飞越英伦海峡，向巴黎冲击。

天色已晚，前方隐隐约约出现时明时暗的灯光。再往前飞，才看到地面被灯光照得通明。这是巴黎近郊的布尔歇机场。当时机场没有夜航照明设备，机场人员在林白飞机到达之前，动员了数百辆汽车，全部向飞机着陆地点打开前灯照明，把机场照得如同白昼。经过 33 小时 30 分钟，飞行了 5810 千米，克服了飞行中遇到的迷雾、结冰、风暴、疲劳和偏离航道等一系列困难，林白终于驾驶"圣路易斯精神号"到达巴黎的布尔歇机场，平安着陆。

基本小知识

航 道

航道是指在内河、湖泊、港湾等水域内供船舶安全航行的通道，由可通航水域、助航设施和水域条件组成。按形成原因分天然航道和人工航道，按使用性质分专用航道和公用航道，按管理归属分国家航道和地方航道。

林白原来以为不会有人来欢迎他。但是当面色苍白、筋疲力尽的林白把飞机停妥后，才发觉有约 10 万法国人拥挤在这个小机场欢迎他。人们疯狂地重复呼唤着他的名字："林白！林白！林白！"

在大西洋的另一边，整个美国沸腾了，人们陷入一片疯狂。大家除了吃惊之外，也都以他完成这次壮举为荣。一连好几天，世界各大

法国人欢迎林白

报纸都连篇报道了林白及其成功飞越大西洋的壮举。各大城市都举行庆祝活动。美国总统柯立兰特令"孟菲斯"巡洋舰开赴英国接回林白及他的飞机。当林白回到美国时，纽约市驶出 200 艘船和 75 架飞机来欢迎他，纽约有以总统为首的 40 万群众举行鲜花彩带大游行，昼夜狂欢，撒下 1800 吨的传单和号外。当时全美为报道林白约耗去 25 000 吨纸张，远远超过报道其他新闻的总和。

林白飞越大西洋的意义，在于用飞机跨越地球上的地理障碍的能力达到了一个新阶段。人们有理由期待航空将会对人类社会的交通运输起更大的作用。林白飞越大西洋，成为 20 世纪内航空发展的一个重大事件。今天，他飞越大西洋的飞机"圣路易斯精神号"仍被陈列在美国华盛顿航空航天博物馆。

你知道吗

巡洋舰

巡洋舰是一种火力强、用途多，主要用于远洋活动的大型水面舰艇。巡洋舰装备有较强的进攻和防御型武器，具有较高的航速和适航性，能在恶劣气候条件下长时间进行远洋作战。它的主要任务是为航空母舰和战列舰护航，或者作为编队旗舰组成海上机动编队，攻击敌方水面舰艇、潜艇或岸上目标。

▶ 蜗牛和飞机的缘分

蜗牛和飞机，一个在地上爬，一个在天上飞，它们之间有什么联系？但俗话说，千里姻缘一线牵。还真有一条线把蜗牛和航空发动机牵在一起了。这根线就是航空发动机上使用的耐热材料。

1988 年，欧洲共同体国家为了响应联合国环境规划署的倡议，经过长达六年的协商后，一致同意各国共同努力减少大气污染，其中包括减少有害气体氧化氮的排放。特别是英国、法国、德国、意大利、西班牙、荷兰、比利时、丹麦、爱尔兰、希腊、卢森堡等多个国家还签订了保证书，保证到 1998 年要把氧化氮的排放量降低 33%。

拓展阅读

欧洲共同体

欧洲共同体创始国为法国、德意志联邦共和国、意大利、荷兰、比利时和卢森堡 6 国。1973 年，丹麦、爱尔兰和英国加入欧共体，1981 年，希腊加入欧共体。1986 年，西班牙和葡萄牙加入欧共体。1993 年 10 月 29 日，欧共体布鲁塞尔特别首脑会议计划于 1994 年 3 月 1 日前结束谈判，奥地利、瑞典、芬兰、挪威 4 国得以于 1995 年 1 月 1 日加入欧共体。

英国是工业发达的国家，汽车、飞机和各种火力发电厂在这个面积不大的国家排放出大量有害气体。尤其是飞机排放的氧化氮对大气的影响不可轻视。飞机烧的是汽油，怎么会排放氧化氮呢？这个问题引起了英国剑桥大学材料科学系的研究人员比尔·克莱格的兴趣，并参与了弄清和解决这一问题的研究。首先他和他的同事弄清了为什么飞机烧汽油会排放出氧化氮的奥秘。原来它和航空发动机所用的材料有关。一般的航空发动机的涡轮叶片都是用耐热合金制造的，但耐热合金在温度达 1000℃ 以上时，强度就会降低变软。但驱动涡轮叶片的火焰气体温度却高达 2000℃。为了使涡轮叶片不变软，现在采用的方法是吹一层冷空气膜把炽热的火焰和叶片表面隔离开来，同时冷却叶片。但是在冷却空气膜和火焰接触混合后，温度会立即升高到 1800℃ ~ 1900℃。

在如此高的温度下，空气中的氮和氧就会发生化学反应，形成氧化氮这种有害气体。

克莱格和他的伙伴们想，要去掉氧化氮，首先要废除用空气冷却叶片这种原始方法。但如果不用冷却空气，就必须提高叶片的耐热温度。可是现在最好的耐热合金也只能耐1100℃左右的高温。于是他们就想利用能耐1500℃以上高温的陶瓷制造涡轮叶片。但现在大多数陶瓷都很脆，一碰就碎。怎样才能得到又硬又不脆的陶瓷呢？克莱格想起了蜗牛。他知道，别看蜗牛的肉软乎乎的，可它背上背的那个薄薄的壳却硬而不脆。蜗牛壳为何有此特性呢？克莱格用显微镜观察了蜗牛壳的结构。结果发现蜗牛壳是由许多碳酸钙层和薄薄的蛋白质层交替地组成的，就像千层饼似的结构。那些碳酸钙层虽硬且脆，但它们之间夹着的蛋白质却很柔韧，即使有一两层碳酸钙碰裂了，但夹在其中的蛋白质层能挡住这些裂纹扩大延伸，因此整个蜗牛壳就又硬又不脆。

于是克莱格在1994年仿照蜗牛壳的结构生产了一种千层饼似的层状材料，是用150微米厚的碳化硅陶瓷片和5微米厚的石墨片交替地叠加，再加热加压而成的。因为石墨层很软且耐热，即使受到碰撞，也能分散碰撞时的应力并防止已开裂的个别碳化硅层的裂纹扩大。现在克莱格已经制成了这种蜗牛壳结构式的材料，并在航空发动机的燃烧室内成功地进行了试验。

◖▶ 驾机直闯总统办公室的莽汉

航空的发展需要设计飞机的人，也需要"能飞"的人。这个故事中的主人公把飞机在空中灵活地飞到连飞机的发明者也不敢相信的程度。

1914 年的一天，美国总统威尔逊正坐在白宫办公室内办公，突然听到由远而近的隆隆的飞机声。他闻声转过头向窗外一看，不禁大吃一惊——窗外一架双翼飞机，正鼓足了劲向他的窗口迎面扑来。飞机前端裸露的驾驶座上，坐着一个神气活现的驾驶员，此刻与总统先生互相看得非常清楚。威尔逊总统冒出一身冷汗。在仿佛要冲进窗口的最后一刻，驾驶员将飞机笔直拉起，机翼下写着大大的"贝奇"的名字展现在总统面前。威尔逊这才想到，原来这就是他最近起草一个文件中提到过的林肯·贝奇，是被誉为"世界第一位作特技飞行"的驾驶员。

　　贝奇是与飞机发明者莱特兄弟同时代的人，他的出色表现是在驾驶飞机上。他平日大大咧咧，不拘小节，在飞行中动作幅度很大，被称为"飞行莽汉"。他在空中可以随心所欲地飞向任何方向，在半空中起舞、旋转，真正像鸟儿一样飞翔。

空中特技

　　特技飞行就是指特技表演飞机在沿着纵轴、横轴和立轴三轴空间中，在短时间内做综合旋转动作。在特技飞行中，飞行员进行绕飞机三轴的飞行，这三轴是：纵轴（滚动轴）、横轴（俯仰轴）、立轴（偏巷轴）。一般规定了 9 组飞行动作造型：直线和转弯、滚动转弯、直线的组合、螺旋、缒头机动、尾滑机动、S 形和 8 字形等，而且在正飞和倒飞中还可以实现数千种组合。

　　1914 年，莱特兄弟第一架飞机升空才 10 年多，他就在整个下半年内，驾驶他的"小筋斗人"号双翼飞机在全美 126 个城市表演他的飞行奇迹。有 1700 万人争相目睹了他在空中令人难忘的表演，人们称他为"空中英雄"。他马不停蹄地从美国东部赶往西部，一路在各城市表演，所到之处都受到热烈欢迎，最热情的观众甚至跟随他从一个城市转到另一个城市，专门追看他的空中表演。在他之前，还没有谁像他一样受到观众如此的欢迎。报纸将他誉为"人类史上第一位飞行天才"，给他以"飞行之神"等美称。

发展空中特技的意义，在于展现出飞机在空中运动的各种潜力。飞机的发明者也没有想到飞机竟然可以飞出这样多的花样。飞行动作的扩展丰富了飞行力学的研究课题，为空战中的攻击和防守提供了有效的战术动作。在和平时期的空中特技表演，被称为"空中芭蕾"，是一种人们喜闻乐见的体育健身项目和艺术享受。

贝奇在早期向一些航空知名人士谈到自己想在空中作"盘旋"动作时，受到人们的嘲笑，认为那是不可能的。但后来贝奇成为美国第一位作"盘旋圆盘"的人。他还可以当众表演"死亡下坠"，即在 1500 米的高度上关闭发动机向下冲去，途中还可以做出上下翻滚的特技动作，在接近地面处再重新拉起飞机。

飞机空中特技

1914 年，贝奇为大发明家爱迪生表演了令人瞠目结舌的特技飞行。他做特技时是在观看者可以看清动作的高度上表演，而不是在高空飞行，所以效果奇佳。他做了盘旋等精彩的动作，令爱迪生称奇，不禁赞叹说："能做这样的飞行，真是对 10 年前莱特兄弟实现飞行以来对航空事业的又一项大贡献！"

这话传到发明飞机的莱特兄弟中的弟弟——奥维尔·莱特耳中，他却感到难以相信。难道真有人能够做到这样出神入化的飞行？贝奇听说莱特对他的特技飞行能力有怀疑，便特地赶到莱特兄弟的故乡去表演。他按照莱特的要求，作了全套飞行表演——连续十个盘旋、倒飞、向上、接近失速、再机尾朝下向下倒转、再次失速、再次倒转……他还完成了两个"Z"字形特技。莱特不得不折服地说："他的飞行技术使我迷惑，使我震惊。他的飞行简直是一首诗！我从未想到，重于空气的飞机能在空中作出这样漂亮的动作！"

贝奇经过调查，从统计资料中得知，在 1914 年时，德国和法国造出了1000 多架飞机，其至连美国的邻国墨西哥也有 400 多架可用于军事用途的飞机，但发明飞机的美国，当时政府仅有 23 架军用机。为此，贝奇自费印刷了几百万份小册子，动员广大民众给国会议员们写信，要求重视航空的发展。他还特别邀请国会议员们观看他的飞行表演，但议员们不予理睬。他在绝望的愤怒之中，决定驾机直闯总统办公室的窗口，起码要吓总统一跳！

于是，便出现了本文开始时他和总统互相对视的一幕。

他掠过总统办公室窗外，随后在空中做出多次盘旋、俯冲，几乎全城的人都拥向街头来观看这一奇观。贝奇再次向总统府俯冲而下，在人群头顶上约 150 米处做倒转、斛斗、上下翻腾，做出一系列令人心惊胆跳的特技动作，然后从华盛顿纪念碑上方飞过，扬长而去。

后来，贝奇听说美国国会仍然对发展航空采取不积极的态度，一次航空展览被国会推

拓展阅读

美国国会

美国国会行使立法权，议案一般经过提出、委员会审议、全院大会审议等程序。一院通过后，送交另一院，依次经过同样的程序。法案经两院通过后交总统签署；若总统不否决，或虽否决但经两院一半以上议员重新通过，即正式成为法律。

迟了会期，他便决定再次直冲国会大厦做空中示威。他先到白宫上空做了几套特技，然后在仰头观看的民众的阵阵欢呼中爬升到 900 米高度，做出一套接一套的"空中芭蕾"动作。

突然，他的发动机在半空中不响了。飞机在空中似乎失去了控制，向下坠落。空军医院立即出动了救护车。甚至有人向公众宣布说："林肯·贝奇坠机身亡！"但贝奇的飞机却突然奇迹般拉平了，悄无声息地降落在离人群不远的地方。

贝奇拨开人群，出现在目瞪口呆的军医面前，笑着说："哪有什么坠机，我从来都是这样着陆的！"他又转向街上拥挤着的群众说，"如果我刚才带着炸弹，你们早就必死无疑了。还是让我们赶快组建我们强大的空军吧！"经过贝奇四处鼓动和游说，国会最终同意拨下大批款项来组建空军。

此事过去多年后，美国航空界在 1998 年决定将 3 月 15 日定为"林肯·贝奇日"，以纪念这位特技飞行的创始人。

贝奇生前最后一次飞行表演是 1915 年 3 月 14 日在旧金山进行的，也正是这次表演断送了他年仅 28 岁的生命。当时旧金山为庆祝巴拿马运河的开通，正在举行巴拿马太平洋世界博览会。大会主办者邀请贝奇来做飞行特技表演，为博览会助兴。贝奇驾驶的是专为他制造的一架新式的单

你知道吗

巴拿马运河

巴拿马运河位于中美洲的巴拿马，横穿巴拿马地峡，连接太平洋和大西洋，是重要的航运要道，被誉为世界七大工程奇迹之一和"世界桥梁"。巴拿马运河由巴拿马共和国拥有和管理，属于水闸式运河。其长度，从一侧的海岸线到另一侧海岸线约为 65 千米，而由大西洋（更确切地讲是加勒比海）的深水处至太平洋的深水处约 82 千米，宽的地方达 304 米，最窄的地方也有 152 米。

翼飞机"林肯·贝奇"号，该机装有一台 58.8 千瓦的发动机。

3 月 14 日是星期天，现场观看贝奇飞行表演的约有 25 万人。下午 3 时 40 分，贝奇驾驶"林肯·贝奇"号起飞，升高至 1800 米高度，做了一连串惊险的高空筋斗动作，然后下降至 1000 米左右高度向下俯冲至 300 米左右，就在这样低的高空，他还要再来一次俯冲，直落到 150 米左右，他急拉驾驶杆，使飞机回到水平位置。就在这一瞬间，先是左机翼，接着右机翼突然折断，飞机便急速下降坠入大海。刚刚度过 28 岁生日第 11 天的贝奇为飞行事业献出了自己的生命。

用飞机运煤的故事

空运的物资一般都是价高而质轻的高档项目，像煤这样廉价而沉重的货是轮不上的。但在柏林空运中，运得最大量的，偏偏就是煤。

1948 年，前苏联封锁进入西柏林的水陆通道，企图迫使美、英、法退出按协议分区占领的西柏林，而由苏方单独占领柏林。西方国家不甘屈服，动员了大量空运力量，靠空运维持一座大城市的运转。这是航空史上第一次罕见的大规模空运，在长达 11 个月中，250 万西柏林居民依靠飞机运来的粮、煤、药品和日常用品，熬过了极其困难的日子。空运显示的巨大威力打破了对西柏林的封锁。

一天，驻欧美军总司令克莱打电话给在德国的驻欧美国空军司令李梅，说："李梅将军，你那边有没有可以运煤的飞机？"

"将军，我想一定是电话线路有问题，我没有听清楚，"李梅觉得很抱歉地说，"你好像在问是不是有运煤的飞机？"

"这正是我问的，是煤。"

煤是一种既沉重又价廉的大宗物资，怎么会用飞机来运？空军司令沉默了一会儿，他想不出为什么要用飞机来运煤；但是既然驻欧美军司令问的就是煤，便回答说："将军，我保证，空军可以运任何东西，包括煤。"

就这样，被称为"冷战的第一次摊牌"的西柏林空运，对航空运输能力的一次极致的显示就这样开始了。

1945 年第二次世界大战结束时，英、美、法和前苏联联合签订了对德国占领的"四方协定"，将德国的疆土分为民主德国和联邦德国，分别由前苏联占领和英、美、法三国同时占领。同时规定了四国都可以进出柏林。柏林这座重要城

飞机飞向西柏林

市的地理位置，在前苏联占领区内。从美、英、法三个西方国家到达柏林，有铁路、公路和水路，另外还规定了三条"空中走廊"供飞机使用，可以飞往柏林。

三年后的 1948 年，东西方爆发了"柏林危机"。美、英、法在西柏林发行马克货币。

1948 年 6 月 23 日的早报编辑计划差不多已经完成，这时《柏林日报》编辑部墙上的时钟正指着晚上 11 点。突然电传打字机传来惊人的消息。"由于技术困难，前苏联占领区军政府交通部被迫从明晨 6 时起停止进出柏林的一切客货运输。水路运输同时停止。"原来，前苏联宣布切断联邦德国与柏林之

间的铁路、公路和水路联系，只留下空中通道，以此来迫使西方国家就范。

天亮时，柏林全城都已经知道这个惊人的坏消息，从西方到柏林的煤运已经停止，牛奶也停了，市金库的存款被冻结。柏林对外的交通全面被切断。

柏林是一座从来没有自给自足过的城市。每星期有数千吨货物从联邦德国穿越 175 千米前苏联占领区到达柏林。柏林市民和 6500 名盟军所吃所用的东西都由这条生命线输入，而这条线刹那间被前苏联切断。前苏联宣布不向柏林供应粮食。这就给这座城市的生存造成了极大的困难。

在苏方的刁难下，美、英、法政府决定不退让，不交出柏林。一方面开展谈判，另一方面用空运来维持这座城市。驻欧洲美军司令克莱决定推行一项有史以来最冒险的空中救援计划。但任务的艰巨，使联邦德国的有关人员以及美国军方一些将军也不相信这件事能办成。当时英国可以召集到约 50 架飞机，法国提供不出运输机。美国空军在欧洲只有 2 架 4 发的"空中霸王"C－54 飞机，另外有 102 架 DC－3 飞机，每架飞机的载重量不足 3 吨。

DC－3 型运输机

从 1948 年 6 月 26 日开始，首先动用了 13 架 DC－3 型运输机，利用仅留下来的"空中走廊"，开始了支持柏林日常生活的空中运输。机群每小时载运 44 吨必需物资，24 小时不停地供应柏林市民的日常需要。粮食是优先供应的项目，还包括食盐这种每日不可缺少的东西。

到了 7 月，动用的 DC－3 达到了 105 架。美国空军从阿拉斯加、夏威夷、关岛、日本及巴拿马等各基地调集飞机，使用了载运量更大的 C – 54 "空中霸王"型运输机。英国空军拨出 40 架飞机，有"约克""黑斯廷斯"等型号，还包括轰炸机。连英国少将的专机——可载 10 吨货物的"都德"飞机都动用来作为专门空运燃油使用。载重量只有 4.5 吨的"桑德兰"水上飞机，也用来在柏林湖降落。

这时必须精打细算，有效地利用空运的吨位。例如，运面包太浪费，因为面包中有 $\frac{1}{3}$ 是水，而柏林周围有的是水，为此只空运面粉；将土豆脱水再运则每天的空运量减少 780 吨；去骨肉类使质量减去 $\frac{1}{4}$。经过这样的"斤斤计较"，柏林每天的最低粮食运输量从 2000 吨减为 1000 吨。

当时每天计划运送量达到 4500 吨。仅在 1949 年"复活节"这一天中，空运到柏林的各种货物竟接近 13 000 吨。美国海军飞机从 1948 年 11 月到 1949 年 7 月运送了 13 万吨货物。为了减小供应压力，英国空军从柏林运出 5 万市民，其中大部分是儿童。

先前西方国家与前苏联协议通往柏林共有三条"空中走廊"，每条空中走廊长约 32 千米，高至 3000 米。在柏林空运中，北面和南面的两条被用来飞向柏林，中间一条被用来飞出柏林。在这样狭窄的空中通道中，日益增多的民用及军用运输机对机场造成了空前的拥挤，每两分钟就有一架飞机起降。

在机场地面，从满载的飞机上卸货的工作昼夜不停地进行，机场所有的灯光和应急灯光全部打开，照得各处通明。有的飞机甚至超载运送货物。为了节约在地面卸货的时间，飞机驾驶员在空中使用无线电事先通知地面人员运来的是什么货，以便地面提前安排好卸货的设备及人员，飞机一着陆，卸货工作立即进行。

知识小链接

无线电

无线电是指在自由空间（包括空气和真空）传播的电磁波。无线电技术是通过无线电波传播信号的技术。无线电技术的原理在于，导体中电流强弱的改变会产生无线电波。

上千架飞机列队成行，连续不断地维系着一条空中的运输线，犹如一座活动的桥梁，连接着联邦德国与柏林之间的供应线。飞机可以在柏林的三个机场和柏林湖降落，飞机的起降都经过严格的计划，飞行计划雷打不动。如果驾驶员遇到特殊情况不能按计划着陆，就必须退出系列，不能干扰后续的飞机着陆。

在西柏林的上空，整天响着飞机的轰鸣，低飞的飞机一架接一架着陆，又一架接一架起飞离开。整个西柏林的居民整天注视着天空，全世界也都注视着西柏林的天空。寒冬光临了西柏林。多数人家每户只能分配 11.5 千克的煤，这大约相当于每天一茶匙。这个冬天是西柏林人真正的苦难日子。整个 11 月机场常被浓雾笼罩，飞机靠仪表飞行，甚至到柏林着陆前几秒钟才看到陆地。

在 1948 年至 1949 年那个严寒的冬季，城市发电，托儿所的儿童取暖，都需要大量的煤炭。英美各种尺寸、各种型号的运输机都曾通过法兰克福、汉堡和汉诺威的"空中走廊"，向西柏林运送食品、煤炭、燃油、衣物、信件、重型发电设备和其他各种货物。空运中煤炭和食物占的比例最大，空运总量中的 55% 是运煤，而运送食物占了 26% 。笨重廉价的煤炭，在紧急事态中竟然成为空运物资。

前苏联当时估计，这个供应计划一定无法长期继续而会最终失败。但是历史上规模最大的柏林空运，竟然维持了西柏林的生存，这是空运史上的一个奇观。

1949 年 5 月 12 日，美国区播音员华格纳在一辆巡逻的广播车上，向街道上黑压压地围着广播车的人群，宣读他有史以来宣读过的最重大的一件新闻："西方三国与苏方之间达成协议，对西柏林的交通、运输和贸易的限制，于 5 月 12 日正午 12 时解除……"

前苏联终于在 1949 年 5 月 12 日放弃了对西柏林的地面封锁。到该年 10 月，柏林空运宣布停止。在历时 15 个月的大空运中，西方国家共出动飞机 20 多万架次，运送物质近 200 万吨。这表明空中运输已经成为一种成熟的现代化运输方式。

柏林空运，是世界空运历史上一个罕见的事例。在这个行动中，空运任务之紧迫，运输量之庞大，都是从未有过的，显示了空中运输在现代社会中的强大能力。在第二次世界大战期间航空工业集中于生产战斗机及轰炸机的英国，在需要大运送量的紧急时刻感到了运输力量不足。而第二次世界大战期间美国在设计生产大型运输机方面一直没有放松，在柏林空运中美国动用的运输机最多，担负的运输量最大，渡过了这个罕见的难关。

◉▶ 设计师为飞机在空中破损而欢呼

既然飞机离开陆地时撞坏了，就应该让坏了的部分彻底掉下来，免得干扰以后的飞行。一般情况下飞机设计师总是尽心竭力地使他设计的飞机保持完好。但这一次不一样，设计师为飞机在空中破损而欢呼。而这一次飞行的意义很重大，是载入航空史册的一次创纪录飞行。

"左翼尖上的稍翼碰坏了，但是没有掉下来……"

制造中的"旅行者"号

1986 年 12 月 14 日清晨，狄克·鲁坦（男）和珍娜·耶格尔（女）驾驶"旅行者"号飞机从美国的爱德华空军基地起飞，打算做人类第一次不着陆、不加油的环绕地球飞行。飞机所载的燃油达到3180 千克，为飞机本身重量的三倍多，超过载油限量 180 千克。机翼上的燃油重量使这种飞机细长的机翼在静止状态翼尖是向下垂着的，只好用托架撑着避免擦到地面，到飞机开始起飞时才不得不拿掉两翼下的托架。飞机在滑行时逐渐加速，机翼承受越来越大的升力，翼尖才开始上翘，但飞机的加速很慢，在全长4570 米的跑道上滑行了很长距离，只剩下最后 300 米才离开地面，勉强升入空中。光这个起飞滑跑距离，就创造了在这条世界最长的跑道上起飞的包括航天飞机在内的所有新式试验飞机的滑行距离纪录。

在此以前，1933 年美国人威利·斯特曾驾驶一架"维加"型飞机做过绕地球飞行，但他在中途降落了 9 次。1949 年，美国空军一架 B－50 飞机曾做过一次不着陆环球飞行，但他在空中加油 4 次。而这一次"旅行者"号的环球飞行，是中途既不着陆也不加油，因此是对飞机设计和驾驶技术更加严酷的一次挑战。

　　"旅行者"号升空后，该机的设计者伯特·鲁坦在另一架伴飞的轻型飞机上观察"旅行者"号的情况，发现在起飞滑跑中该机的右翼尖已经擦地损坏。翼尖上的梢翼，是减小飞行阻力用的。现在损坏了连挂在机翼上，不但不能起原有的作用，反而加大了阻力。经观察破损的翼尖并未伤及机翼的主体结构，也没有破坏机翼上的油箱而造成漏油。两位驾驶员决定先甩掉连挂的梢翼，再继续他们10天的环球飞行。于是两人都背上降落伞以防意外，然后激烈地蹬右舵，使飞机右侧滑，以把摇晃的梢翼甩脱，直至伴飞的飞机上传来伯特·鲁坦的欢呼声："太好了！它干净地掉下来了！"

　　设计师看到自己设计的飞机上一个部件在空中脱落下来，竟然发出欢呼，真是少有！

　　不久"旅行者"号穿越一股山脊紊流时左梢翼也脱落了。飞机两翼的阻力反而对称起来，减小了配平阻力。两个翼尖的样子都很难看，像被鲨鱼咬过似的露出了蓝色泡沫塑料，耷拉着本来连接翼尖灯的电线。"旅行者"号就以这样的状态，进入了环球飞行的征程。

　　这次空中探险，是一次民间活动。所费资金是由许多热心人用小额资金赞助筹集的。支持者一般赞助100美元，但也有热心者限于财力只赞助了两美元。而飞机的制造和试验，则是由飞机的设计师，两名驾驶员及少数几个朋友在3年的时间内亲自动手完成的。以后又试飞调整了两年时间。

　　伯特·鲁坦为环球飞行所设计的"旅行者"号，采用了很有创意的外形布局和结构形式。飞机采用无尾而带前翼的"鸭式"布局，这种布局鲁坦在设计一系列的轻型飞机上采用过，已经很熟悉它的特性。飞机采用双身，两个全长机身内全是油箱，以便在十分狭长的机翼上分散承载重量。飞机采用一推一拉两台纵向排列的螺旋桨式发动机，这样可以在巡航中关闭一台发动机来节省燃料。机体结构则采用复合材料，结构重量很轻，并且大量的机体加工是手工操作，便于非专业人员进行制造和试验。

地球赤道的长度，约为 4 万千米。考虑到沿途对于气象的避让和绕过不得飞越地区，环球飞行的长度预计约为 4.4 万千米。

"旅行者"号飞机的经济巡航速度只有一百多千米每小时的对地速度，因而环球飞行一周约需十天时间。设计者的哥哥狄克·鲁坦，从小就是一个飞行迷，他 15 岁起就开始学习驾驶飞机，这次担任了环球飞行的驾驶员。而这次飞行的女驾驶员珍娜·耶格尔则是一位身材娇小的女郎，9 年前取得了飞机驾驶执照。她在一次参观飞机展览时，对鲁坦设计的飞机很感兴趣。在与他们兄弟的交谈中，设计师首次谈到设计出一架飞机环绕地球的设想，从此她便投入到这个壮举中。

广角镜

幻 觉

幻觉是指没有相应的客观刺激时所出现的知觉体验。换言之，幻觉是一种主观体验，主体的感受与知觉相似，是一种比较严重的知觉障碍。幻觉与错觉的不同之处在于前者没有客观刺激存在。由于其感受常常逼真生动，可引起愤怒、忧伤、惊恐、逃避乃至产生攻击别人的情绪或行为反应。

两名驾驶员在途中经历了环球气象的挑战，越过山峰造成的高空缺氧的考验，经过战火纷飞的非洲时避开了军事冲突的危险地区，克服了自身过度疲劳造成的神志不清的幻觉，可谓经过了千辛万苦的征程。途中他们曾遇发动机空中停车、飞机设备故障以及大气紊流对飞机的影响，柔软的机翼上下拍动达到 60 度，并使飞机达到难以控制的倾侧 90 度状态。他们终于靠顽强的毅力和高超的驾驶技术克服了一个接一个的困难。

　　一天夜间，在战火纷飞的非洲上空，狄克·鲁坦发现飞机的前翼被后方来的光线照亮。他转向，灯光也转向，总也无法摆脱后面的光线紧跟不舍地照射。他只好报告说被先进的歼击机追踪，因为这么强的灯光只有高性能的歼击机才会装备。后来"旅行者"号索性转过头来，察看追踪他们的到底是一架什么飞机，才发现后方的亮点却是夜间明亮的金星。

　　当他们飞越非洲大陆的时候，看到燃油表的指示，飞机的燃油消耗过多，剩下的燃油已经不够他们再飞越大西洋。这次环球飞行注定要失败。但是他们不久就发现原来仪表把各油箱间燃油的来回传送都算到了燃油消耗里面，实际上飞机的存油还很多。地面的基地经过计算以后，用无线电告诉他们说："你们的燃油还足够飞完剩下的航程！"这样他们才继续转向西，越过大西洋飞向美洲。

　　人类航空史上第一次不着陆、不加油的环球飞行，终于在出发后的第10天的清晨在原起飞的机场美国爱德华基地着陆。地面有数千人等候着欢迎。飞机着陆前作了几次绕场飞行，显示飞机和驾驶员状态良好，另一方面也是等阳光升起便于地面的摄影机拍下这次创纪录飞行的胜利着陆时刻。飞机着陆后，全部油箱中只剩下不足70升燃油。

　　中途不着陆、不加油的环球飞行，在世界航空史中是一个重要的成就，引起了各界的重视。美国总统接见了设计者伯特·鲁坦、驾驶员狄史·鲁坦和珍娜·耶格尔，把他们3人誉为可以与第一架飞机发明者莱特兄弟、第一位飞越大西洋的林白、第一个突破声障的驾驶员耶格尔一样列入航空史册的英雄。"旅行者"号飞机，被美国国家航空航天博物馆收藏，作为航空史上重要的成就向世人长期展览。

　　今天在美国国家航空航天博物馆展出的"旅行者"号飞机，它的翼尖仍是损坏的，因为环飞地球时它就是这个样子。

到20世纪末，鲁坦用"旅行者"号飞机的技术提出了一种可以长时间在空中飞行的飞机"海神号"的设计，这是鲁坦的第281种设计。设想中的这种飞机可以低成本完成太空旅行，装有的天线可以在必要时代替卫星作信息转播用，比如战时在某些信息传送不便的地区，用作覆盖面相

你知道吗

卫 星

卫星是指在围绕一颗行星轨道并按闭合轨道作周期性运行的天然天体，人造卫星一般称为卫星。人造卫星是由人类建造，以太空飞行载具如火箭、航天飞机等发射到太空中，像天然卫星一样环绕地球或其他行星的装置。

当大的临时空中中继站。

富豪在航空上的奢侈

20世纪美国富豪霍华德·休斯，是一名航空热心者。他除了创造一系列飞行纪录之外，还负责研制了百年航空中最大的一架飞机 HC – 4。这架飞机是尺寸最大的产品，也是研制失败的飞机之一。休斯的父亲拥有一种石油钻井在14个国家的专利，在石油工业蓬勃发展中获得了丰厚财源，成为休

广角镜

石油钻井

石油工人在经过检测有油的地方，利用专用设备和技术，在预先选定的地表位置处，向下或一侧钻出一定直径的孔眼，一直达到地下油气层的工作。

斯一生在很多领域（包括航空业）闯荡的资本。休斯成为一个传奇式的人物。他的决策出乎常态，也许正因为此，他才在航空史上留下最大的失败的飞机。

休斯于 1905 年 12 月出生于得克萨斯州的休斯敦，是莱特兄弟飞机试飞后的第三年，可以说是与飞机同时代成长起来的。他自幼对机械有浓厚的兴趣，喜欢拆开钟表来研究构造，用电池自制电动自行车及无线电收发报机等。18 岁时他继承了巨额遗产，成为美国首富。

休　斯

他 20 岁到好莱坞闯荡，投资拍摄的电影荣获奥斯卡喜剧奖。24 岁时投入大本钱拍摄航空空战电影《地狱天使》，他购买法国、英国、德国飞机至少80 架，其他采用包机形式投入实拍。使用了临时演员 2000 名，动用真实的飞机 87 架，飞行员 135 名，使用了比一般电影多出 300 倍的胶片，用掉比一般电影多出 20 倍的资金，他对拍摄的影片仍不满意，又花 200 万美元重新找演员拍成有声电影。

休斯拥有一系列的企业。比如他曾在拉斯维加斯城的一家大饭店中包租了一套高级房间供日常居住。几年后由于该饭店拒绝继续让他租用，他便出资买下了整座饭店。他将饭店的底层用于开赌场，大获收益。于是又陆续买进拉斯维加斯城内其他饭店，扩大他的赌场规模。最后整个拉斯维加斯城几乎成为他的私人城市。

休斯是个航空迷。1936 年，他亲自驾驶飞机完成横贯美国的飞行，创下9 小时 27 分横越美洲大陆的飞行纪录。次年又把这个纪录缩短 2 小时。1939

年，他以 3 天 19 小时 17 分创下环飞地球的飞行纪录。他在试飞自己研制的飞机 XF－11 时坠机受伤，颅骨破裂，鼻梁撞歪，很多人认为他过不了这一关。但他在住院期间，由整天躺在病床上的切身体验而开发出通过螺旋可以调整成为坐姿的病床，并获得了专利。这种可升降折起的病床被全世界的医院广泛采用，他从中又获得了丰厚的收益。

HC－4"大力神"水上飞机

然而他在航空中最大的举动，是在第二次世界大战中，于 1942 年着手研制超大型的水上运输机 HC－4"大力神"水上飞机。这架飞机之大，不仅在当时名列世界第一，而且在整个 20 世纪也属最大。该机装有 8 台发动机，计划可载运 700 名全副武装的士兵飞越海洋。

第二次世界大战期间，欧洲、亚洲、太平洋、大西洋等地区战火纷飞，运输船队常遭敌对海军袭击。美国政府拨款，计划研制载运全副武装士兵或军事装备，航程可达大西洋或太平洋任何区域的飞机。

霍华德·休斯和另一家公司共同承包此项工程。此机于 1942 年开始设计。休斯别出心裁地采用木结构。当此机设计试验结束时，第二次世界大战已近尾声，合伙者退了此计划，休斯独立承担。他在研制过程中的经费不断超支。本应制出三架原型机的经费连造出第一架都不够。休斯为此投入了 700 万美元私人资金。他曾有两年时间不干别的事，完全被这架飞机的进程所吸引，成天待在制造这架超大型飞机的超大型机库内，处理着推进这架飞机进度的各方面问题。

为了制造这架飞机，休斯特地修建了一个占地 30 000 平方米的临时木质厂房，总装则在美国洛杉矶长滩的一个干船坞中，离飞机制造厂 45 千米。体积巨大的部件如何从工厂运向总装地点，成为当时轰动性的大问题。整架飞机分解为大部件分别运送。左右机翼分开来运，每边长 48 米。机翼和机身总质量约 200 吨。仅这些部件的运费就达 8 万美元，48 小时运到。沿途学校放假，让学生夹道观看这一壮观景象。装载着庞大无比的飞机木质部件的平板车在各种车辆的簇拥中缓缓通过，带着许多电工和电话线工，一路剪断电线及电话线，部件通过后再行接通。这种壮观，足以无愧地名列在百年航空的史册之中。

1947 年 11 月，第二次世界大战已经结束。HC－4 飞机在长滩的海面做第一次滑行。这样大的飞机首次滑行，成为当时轰动的事件。许多新闻记者和各界嘉宾光临盛事。霍华德·休斯亲自操纵飞机在水面滑行。本来计划在半年后正式试飞。但在滑行试验的当天，第一次飞机滑行情况良好，休斯决定做第二次滑行。大批新闻记者和各界嘉宾进入了飞机。休斯在滑行中突然猛推油门，飞机很快加速，越滑越快。休斯感到飞机各方面的表现还可以，便拉起了飞机。结果"大力神"这庞然大物未经计划地飞离了水面，在 21 米高度上飞行了不到一分钟，离水飞行的距离约 1.6 千米，再降落在海面上。飞机上感受滑行的嘉宾中，有的人还没有感觉到，便已经离水飞过了。由于这是一次事先没有打招呼的起飞，有人谴责富豪休斯违反规定，未经事先告知便将飞机飞起，是一种不负责任的行为。

这也成了"大力神"的唯一一次飞行。此后整个形势对大型水上飞机的需要消失了。飞机显得功率不足，虽经多年提高发动机功率的努力，测试过多种发动机，问题仍没有根本性改观。休斯本人在飞机飞起离水以后，也失

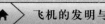

去了将以上飞机继续从事下去的热情。既然已经飞过了，便就此罢休。

但这架木制飞机的巨大的规模，真是木制品的一个最大的样品。它的机体被作为一个工程上的奇迹保留下来，它的主人聘用了一小批技术人员对该机进行日常维护，每年的维修费达150万美元。经过半个多世纪后，HC－4"大力神"号飞机的状态仍然被保持良好。由于维护费用过于庞大，休斯本来打算将发动机从飞机上卸下，将飞机赠送给美国航空航天博物馆。但加利福尼亚州议会通过决议，决定完整地保留飞机原貌，陈列在长滩巨大的机库内，并对世界的参观者开放。该机库曾长期成为洛杉矶游览参观的景点之一。后来该机被迁移到沙漠中的特制机库中。

休斯因为拥有巨大的财富，使他有了决策行事的巨大权力。HC－4"大力神"号飞机的基本材料为木质，这样大的飞机的起降方式选为水上，以及当时动力供应情况是否能保证这样大的飞机顺利飞行，这一系列重大的决策问题，都成为HC－4失败的因素。

以后研制出的20世纪最大的飞机波音747的机翼面积，还不到HC－4"大力神"号飞机的一半。但747的载运能力却超过了HC－4。当时的HC－4飞机装有8台发动机，今天波音747只装有4台发动机，但每台发动机的功率比HC－4的8台发动机的总和还大一倍多。

至于休斯本人对航空，虽有失败，但仍有不少成功的贡献。且不论在20世纪30年代他的一些创纪录的飞行，以及40年代他研制过一些有价值的飞机；单说1966年6月1日，首次登月的无人宇宙飞船开始在月球表面向地球的电视台播送实况，引起全世界瞩目一事，这艘首次登月的宇宙飞船，就是休斯公司的产品。

◆▶ 突降红场

人们印象里前苏联的空防应是严密得犹如铁桶一般。一个异国的小伙子，却能开着轻型飞机长驱直入，直赴红场，如入无人之境，令大众为之失色。

广角镜

无线电罗盘

无线电罗盘是指示飞机航向的无线电导航仪表。无线电罗盘由无线电半罗盘工作原理的基础上发展而来的，它能自动测出飞机纵轴与电波来向间的夹用。无线电罗盘通过接受地面无方向性导航设备提供的无方向性长波作为导航信号。

1987 年 5 月，一架德国私人轻型飞机悄无声息地穿过苏联戒备森严的领空，突破了苏联防空系统的重重警戒，意外地降落在莫斯科红场，造成一个震惊世界的事件。

5 月 28 日，正是苏联举国欢庆的边防军日。下午时分，在芬兰的赫尔辛基附近的马里阿密机场，一个 19 岁的德国青年鲁斯特，驾驶一架塞斯纳 172 轻型单发动机飞机起飞了。他决定在这天做出一项惊人的举动。起飞 22 分钟之后，他关闭了飞机上除无线电罗盘之外的一切无线电设备，在空中突然改变航向，向苏联国境飞去。不久，飞机从地面指挥的雷达屏幕上消失了。

晚上 19 时 38 分，鲁斯特飞进了莫斯科上空。他最初打算降落在克里姆林宫内，但发现在宫墙内没有降落的空地。于是他决定降落在瓦西里大教堂前面。当时教堂前有许多人群。鲁斯特打开了降落指示灯，摇摆着机翼几次

鲁斯特

从人群头顶飞过。但是在广场上散步的人群怎么也没有想到这架小飞机打算在红场降落。人们看到这架打开着陆灯低空越顶而过的飞机，只是向飞机微笑着挥手致意。鲁斯特第三次尝试着陆，成功地降落在莫斯科河桥的南端，向瓦西里坡滑行。停机以后，鲁斯特身着一袭红色工作服从飞机上下来，羞涩地向红场上散步的人群微笑。苏联及全世界都为他的举动瞠目结舌。20 分钟后来了一群穿灰色制服的人，把他带进了克格勃总部。

事后查明，鲁斯特这次的行为，纯粹是一个不安分的淘气之举。但他还是因非法入境罪及扰乱航空秩序罪而被判入狱 4 年。十几年过去了，随着时间的推移，有关此事一些不为人知的细节开始浮出水面。鲁斯特历险的成功，是由一系列巧合促成的。

当天下午 14 时 29 分，爱沙尼亚的科赫特拉亚尔韦市，塔林防空雷达捕捉到一个不起眼的飞行目标。苏军的三个导弹师随即处于一级战备状态，只待一声令下，就可以随时消灭目标。但是命令却迟迟未下达。原因在于 4 年前苏军在萨哈林岛上空，在情况尚未明了的情况下，苏军击落一架

飞机在红场

韩国民航波音 747 客机，造成机上 269 名旅客死亡。世界各地对此反应强烈，许多国家连续数周禁止苏军飞机进入本国领空。惨剧发生后，苏联军方下达了秘密命令：在无法判明飞机有军事目的的情况下，禁止向一切民航机和体育运动飞机开火。

为了确认这架来历不明的飞机的真实情况，苏军起飞两架"米格 - 23"截击机从塔巴军用机场升空进行拦截。但不久后"塞斯纳"向下俯冲，从截击机驾驶员的视野和地面雷达屏幕中消失了。5 分钟以后，该地区的雷达再次捕捉到一个飞行目标，与先前的"塞斯纳"的飞行路线和高度都不同。但地面雷达员误认为它就是原先那架"流氓飞机"。而这个目标却回答了"敌我识别器"的询问，回答出"我是自己人"的信号。于是，原来对塞斯纳飞机发出的警报被解除，两架截击机返航。

鲁斯特的"塞斯纳"继续向东南方飞行，将近下午 3 时到达普斯科夫上空。这时在该市市郊正有某航空团在进行教练飞行，空中有数十架飞机。因此，鲁斯特的"塞斯纳"出现在雷达屏幕上并没有引起任何注意。鲁斯特继续在苏军领空毫无阻碍地飞行了 200 千米。

当他飞到托尔若克市时，巧合又一次帮了他大忙。刚好在前一天，这里市郊发生一场空难，一架"米格 - 25"与一架"图 - 22M"轰炸机在空中相撞，所以这一天在该地区上空有许多搜寻任务的直升机。鲁斯特的"塞斯纳"轻型飞机的速度和高度与直升机相近，地面雷达人员想当然地把它当作正在执行救援任务的直升机，没有引起任何怀疑。

当鲁斯特飞近莫斯科时，正好防空网的自动控制系统被暂时关闭，进行一次计划外的停机检修。而正是在这 20 分钟间隙里，鲁斯特飞进了莫斯科。可见再强大的设备系统，在错综复杂的现实生活中也难免出现漏洞。

离奇的空中骗局

事先告诉国王空中劫持用的将是空包弹，所以国王遇事时的底气才会那么足。谁知道假戏真做，能不惊出一身冷汗吗？摩洛哥国王哈桑二世，同意

哈桑二世

国防部长给他安排一次空中假迫降，上演一出政治骗局。不料这个骗局被人利用，假戏真做，成了一次真刀真枪的空中拦截。

1972 年一个夏夜，摩洛哥国王哈桑二世即将去法国旅行。他的内政部长和国防部长乌费基尔将军在他出发前晋见了他，向他说明在宫廷和政府内存在一些贪污腐化行为，损害了国王的威望。出于军队和人民对国王威望的关心，他谈到筹划一次假谋害的活动。

处于非洲西北海岸的摩洛哥，北靠地中海，西临大西洋，与西班牙以直布罗陀海峡一峡相隔，地势险要。国王听到国防部长的建议，有些疑惑地反问说："假谋害活动？"

"一年前发生了一起王宫事件，您征服了士兵，不是提高了您的威望吗？您遇到谋害的消息只会提高您在全体人民心目中的地位。"

"那你打算如何进行呢？"

"我将派 4 架 F－5 喷气战斗机去迫降您的波音 727 座机。其中三架不装弹

药，另一架只装演习用的假弹，请求您的座机迫降在指定的机场。这对您的安全毫发无损，却可以在全国造成轰动，使您可以有借口逮捕两三个政敌。"

"那就按你说的办法安排吧。"国王最后同意了这个计划。

1972年7月28日，哈桑二世到法国访问。8月16日他打道回国，带着20来个随从登上波音727座机启程。中午，座机降落在西班牙的巴塞罗那。西班牙外长洛佩·布拉沃在机场迎接，国王与他共进午餐。国王对即将发生的空中假戏心里有数，甚至有意向西班牙外长暗示一点内部安排说："在以后几小时之内，你将听到一些奇怪的事，但是你用不着担心，一切没事的。"

午餐后，国王登机直飞摩洛哥，下午15时许，进入摩洛哥领空，16时左右，国王座机飞过丹尼尔上空。5分钟后，空中突然出现的4架F－5喷气战斗机包围了国王座机。F－5飞机领队长是摩洛哥空军少校库拉。他靠近波音727飞机，并向国王座机用无线电喊话："我命令国王座机驾驶员不要抵抗，跟随我们降落在克尼特拉基地。我们要进行检查！""你疯啦！"国王座机的驾驶员惊诧地回答。"服从命令！跟随我们降落！"国王的驾驶员不得不向国王请示。"继续飞你的。"国王对这幕假戏心知肚明，不在乎地说。"但是，他们威胁我们，强迫我们降落……""保持镇静，继续飞！"国王不以为然地提高声音说。

库拉少校见国王座机不肯就范，便进一步威胁，喊道："立即服从命令！飞向克尼特拉基地，不然我们就要开火！"国王知道这架战斗机上装的只是空包弹，便说："别听他的！""他们要开火了！"国王驾驶员颤抖着声音说。"不要紧张，要镇静！"国王心里有数，这只是他的国防部长导演的一出假戏。

库拉的战斗机向波音飞机的前方发射了一发炮弹，以示警告。国王心里想："表演得真像啊！国防部长真了不起，他导演的这出假戏简直像是真的。"

但是库拉少校发怒了，靠近国王座机，在无线电中大叫道："再要拖延，我可就要开火打掉你了！"哈桑二世国王觉得假戏也该收场了，便拿起话筒向战斗机喊话："我是你的国王，你要注意礼貌！"

"看我的炮弹！"库拉大喊着，并向波音 727 开了火。哪里是什么空包弹，这是真炮弹，打得国王的座机抖动起来。国王原来以为是一场假戏，是为了骗人而安排演出的，但没有想到，他真的被人致命地骗了。

库拉再次开炮击中波音飞机的尾部，将 3 台喷气发动机击中两台，飞机速度明显减下来，向下落去。"他们击中了我们的飞机！我控制不住飞机了！"国王的驾驶员发疯似的喊道，拼命企图拉平飞机。"这是真正的炮弹！"哈桑二世这才明白过来，"这是一场真正的谋害！乌弗基尔欺骗了我！"

库拉再次猛射，国王的座机再次中弹。机内一人死亡，两人受伤，黄烟在舱内迷漫。国王的随从身上溅满血迹。库拉继续猛射，国王座机激烈抖动，使人感到即刻就要爆炸了。驾驶员吃力地操纵飞机，以 250 千米/小时的极低速度勉强飞行。

"陛下，陛下，我们飞不到拉巴特了！"紧张的驾驶员用发抖的声音喊叫着说。

知识小链接

弹射座椅

在飞机遇飞行困难时依靠座椅下的动力装置将飞行员弹射出机舱，然后张开降落伞使飞行员安全降落的座椅型救生装置。现代作战飞机和一些小型民用飞机大多有弹射座椅。

库拉发射 1 枚火箭，但火箭从近处飞过，没有击中目标。库拉决心把国王的座机击落，但炮弹打光了。他毅然决定驾机直接撞毁国王座机。他将飞机定好方位，调好自动驾驶仪，开足马力将飞机向国王的座机撞去，同时按动弹射座椅按钮，自己弹射跳伞脱离了飞机，落到拉巴特附近的海面上，后来被打捞上来交代了事件的经过。

国王座机已经摇摇欲坠，很难躲避高速撞过来的战斗机。但是库拉对得不够准，F-5 飞机从国王座机前几米处一掠而过，摔向地面，惊得国王一身冷汗。接着，另 3 架战斗机向波音飞机飞来。国王急中生智，命令惊慌失措的机械师戴上送话器，重复地喊话说："国王座机向 F-5 飞机通话！国王重伤，驾驶员死亡，我们不得不迫降！请求你们停止射击！"这 3 架战斗机真相信了，以为反正国王死定了，放弃了继续攻击，掉头返回基地。

受到重创的波音727，像醉汉一样摇摇晃晃降落在拉巴特机场。在座机降落之前，已经传出了谣言："国王在一次严重的飞行失事中丧生……"在机场大厅迎接国王的政府要员们已经开始慌乱。接着国王座机着陆，他们看到惊恐万状的国王及满身血污的随从们，每个人都瞠目结舌，惊奇不已。

这时突然有 3 架 F-5 飞机飞临上空作低空盘旋。原来这就是刚才拦截座机那 3 架飞机，返回基地后又奉命再次起飞，赶到拉巴特机场来追击国王。机场大厅内一片混乱。国王哈桑本人是一名战斗机驾驶员，他拼命喊叫："赶快隐蔽!"

飞机起火迫降

人们冲出大厅，直奔跑道50米外的小松林。

3 分钟后，那 3 架 F-5 飞机对机场的贵宾厅进行了疯狂的扫射，打得建筑起火燃烧，人们四处逃窜。有人倒在血泊中。两辆汽车着火，F－5 飞机射击了 5 分钟后才离开。国王慌忙回到王官，立即召开高级国务会议。他首先问："乌弗基尔来了吗？在哪里？"那是与他串通上演一出假戏，然而却假戏真做的人。

这时 F－5 飞机再次出现在首都上空，不顾地面火力的阻击，从 300 米低空向地面发射火箭。攻击持续了一刻钟。国王立即中断会议，躲进了黎巴嫩大使馆。

不久，摩洛哥新闻社通过无线电宣布："叛乱已被镇压，阴谋制造者乌弗基尔自杀，哈桑二世继续掌握政权。"这个航空故事的离奇处，在于事先约定的假戏变成真做。另一方面，出动 4 架 F－5 飞机去攻击 1 架波音 727 座机，包括开炮轰击、发射火箭和用飞机去撞击，居然无功而返，这也是"奇迹"！

电脑发神经，苦了机上人

当把对飞机的控制交给计算机的时候，自动化大为前进了一步。但是电脑操纵的可靠性问题必须提到重要的地位来考虑。飞机装上电传操纵系统，会带来很多优点。但是操纵系统的电子计算机如果出了毛病，那么操纵系统就像犯了神经病一样，飞机在空中的表现就会像醉汉似的难以预计了。

美国的 F－16"战隼"喷气战斗机，是美空军的主力战斗机。它的性能相当优越，并且因为采用了电传操纵系统，飞机的机动性能和操纵性都比以往有了明显的改善。

1989 年 11 月，一个阳光明媚的日子，美国亚利桑那州晴空万里。在离图森市 50 千米的沙漠上空，美国空军中尉飞行员诺阿在进行改装后的第二次飞行。他的飞行教官驾驶另一架 F－16 飞机与他作编队飞行。正当他们作空中转弯时，诺阿的飞机发生了严重事故。

F－16"战隼"喷气战斗机

诺阿觉得一瞬间教官好像在推杆低头，转入向下的俯冲。因为他看到教官的飞机在向下沉去。其实这时是他自己的飞机正在猛然抬头爬升，他顿时看到天地线在机头下消失，并且他明显感到过载加大，人也几乎晕厥。F－16 飞机轰鸣着向上陡峭地上升，然后再翻转过来。这并不是他操纵形成的动作。这是怎么回事？他还没有弄明白自己的处境，飞机却已经呼啸着连续翻了两个筋斗。

基本小知识

过 载

作用在飞机上的气动力和发动机推力的合力与飞机重力之比称为飞机的过载。飞机所能承受过载的大小是衡量飞机机动性的重要参数。过载越大，飞机的受力越大，为保证飞机的安全，飞机的过载不能过大。飞行员在机动飞行中也会因为过载大于 1 或者小于 1 而承受超重和失重。飞行员所能承受的最大过载一般不能超过 8。

原来，这架飞机的电传操纵系统出了毛病，等于飞机的"神经系统"失常。飞机的全动平尾卡死在上偏的位置上，造成飞机不断爬升，形成筋斗。在第二个筋斗结束时，驾驶员意识到他的飞机还可以作滚转的动作，便向左滚转，同时打开加力使飞机保持空速。飞机建立起向左的坡度以后，卡住的平尾起着方向舵的作用，使飞机进入急剧的左转弯。大约转了 **90** 度时，电传操纵弦的计算机解除了控制。这时飞机却急剧低头。这是因为刚才飞机猛抬头做筋斗，驾驶员习惯性地推杆，而这时计算机解除了控制，平尾便由上偏猛然改为下偏。

诺阿虽然再次纠正了飞机姿态，但飞机随时可能再度失控。诺阿作强烈机动时，他的教官丢失了他，在诺阿翻完两个筋斗后才再次看到他的位置。这时诺阿和教官决定向就近的国际机场尽快着陆。诺阿的飞机此刻似乎还算正常。诺阿匆忙浏览座舱仪表，希望找出故障的原因，但一时没有找到任何线索。

当飞机下降到 2000 米时，下方有一座山脉。这时飞机再度"发神经"，自动上仰，发动机怒吼着在天空中翻了一个筋斗。当飞机处于筋斗后半动向地面冲去时，诺阿清楚地看到下面的群山——这时他的高度已经很低了。

拓展阅读

副 翼

副翼是指安装在机翼翼梢后缘外侧的一小块可动的翼面，为飞机的主操作舵面，飞行员操纵左右副翼差动偏转所产生的滚转力矩可以使飞机作横滚机动，翼展长而翼弦短。

根据上次处理的经验，他清楚地知道副翼功能仍然正常，便小心翼翼地随时作向左压杆，使飞机在左坡度进入水平转向。这时他从无线电中听到他的教官在向他喊叫："滚转！滚转！找好你的弹射手柄！"显然，教官在提醒他随时作好弹射的准备，以便在确定不能控制飞机时紧急离机。这次上仰持续了 27 秒。第三次上仰发生在图森机场上空，当他们进入第五边着陆航线时，飞机突然上仰但很快就稳定下来。诺阿担心教官诧异他怎么会做出这样不正常的动作，便在无线电中解释说："刚才的动作不是我操纵的……"

45秒后，诺阿放下起落架，飞机已经飞过跑道的边线，离地高度只有60米，时速已经减到只有233千米/时，这时飞机却又不合时宜地进入第四次，也是最剧烈的一次上仰。诺阿意识到，飞机随时可能坠地……

他刚一感到进入大过载状态，立即操纵飞机左转，并接通了发动机加力。万一高度过低无法控制飞机，他就会弹射离机。这时他感到了大过载下的黑视现象出现了。他一面奋力操纵飞机，一面为了平衡自己的情绪而大喊大叫，他的教官一直在向他大喊："弹射！弹射！跳出来！跳出来！"但是诺阿竟然一句也没有听见。

这时他看到跑道上有一架旅客机。在这里着陆弄得不好会伤及普通旅客，他决定飞离图森机场，并避开有70万居民的市区。飞机怒吼着向上蹿去时，他用左手按下了电传操纵系统计算机的人工遥控开关。飞机突然意外地听话了，就像一匹烈马遇到了一名技艺高超的骑手一样，顿时平静了下来。诺阿在瞬间恢复了对飞机的正常控制。

但是，要把飞机降落到地面，左手还有许多任务要操作，不可能同时操纵油门又压住遥控开关。他急中生智，马上用右手从飞行服里掏出一支彩色圆珠笔，这是美国政府发给军人的。他把圆珠笔压在人工遥控开关下并卡在两侧的金属护挡之间，使电门始终接通。现在，

飞机仪表

他可以腾出左手来正常操纵油门了。

在这千钧一发之际，这支笔成了一种最好的解决问题的工具。诺阿在紧急情况下临危不惧，能想到使用那支救命的笔，真是不简单。诺阿在飞向 176 千米外的备降机场的路程上，以及他完成着陆动作的过程中，这支笔一直卡得好好的，一切平安，人机毫发无损。有关人员及时查出了计算机的问题，并加以排除。以后的 F－16 飞机驾驶员再也没有遇到诺阿遇到过的飞机自动翻筋斗的怪现象。

从农户飞出的飞机

离 1997 年新年仅三天的时间，在中国西部银川郊外，从冰冻的湖面飞起了一架超轻型飞机。中国第一架由农民自制的飞机飞上了蓝天。

事情最初开始时还是 20 世纪 90 年代初，18 岁的刘亦兵初中毕业后回乡务农。他从《航空知识》刊物上看到几张介绍超轻型飞机的照片。《航空知识》是全世界销量最大的航空科普刊物，在我国有很广泛的热心读者群。刘亦兵从该刊物看到的图片萌发了自己也来造一架这样的飞机的念头。

这种想法在他的脑海里盘旋了整整两年。一次他向同村几个青年谈了自己的心事，不料大伙儿听了都很兴奋，纷纷表示支持他。"行！你要造飞机，我支持！我出 10 元钱支援！""我也支持！我没有多少钱，我出 5 元！"一会儿，伙伴们便凑了几十元钱供他作为起步的费用。

刘亦兵买了一些木料，找来几根废钢管，便开始制造他的超轻型飞机。机翼需要蒙布，他母亲立即把几床新被子拆下来。飞机在地面滑行需要轮子，他父亲立即跑到城里买来几个人力架子车的轮子。年轻伙伴们支援他的经费，很快便花光了，后继的经费完全由他的家庭来负担。他很快搭起了一架超轻型飞机的构架，但是他没有发动机，他造的这架飞机在自己家里闲置了一年多。

在朋友的帮助下，他花一千多元钱弄到一台 110 千瓦的航空模靶机发动机。他给他的飞机装上了发动机，在几个青年朋友的协助下，选择了一条乡间土路作跑道，来试飞他的飞

农民飞行第一人——刘亦兵

机。发动机响起来了，引来周围不少群众前来观看，他们发出一片赞美之声。但他的飞机东歪西倒地跑着，跑着，就是不肯离地。他对着飞机只拍了几张照片，便把飞机拆开来了。

又过了两年，他造出第二架飞机，机翼和机身结构采用了铝制材料，机翼蒙布采用了细纹丝绸，机轮改用小轮。整个飞机得到很大改进，但在试飞时还是只能在打麦场上从这头跑到那头，又从那头跑到这头，整整跑了一上午也没有要离地的模样。

以后两年，他又造了 3 架飞机，一次比一次有改进。但是发动机功率不足，飞机还是飞不起来，他没能实现蓝天飞翔之梦。他的连续失败在家里产生了意见分歧，但他的继父却支持他。这位乡村医生对他说："如果你认定这不是坏事，你就坚持下去，不能半途而废。"至于他的母亲，她始终是他忠实的助手，一直默默无声地为他做着一切可以帮上忙的事。

1995 年 11 月，宁夏电视台对刘亦兵的努力作了报道。虽然刘亦兵没有飞

起来，但他的精神和努力感动了许多人。其中江苏无锡一位退休的老工程师看了报道后，为他联系了一台还很新的 220 千瓦进口航空发动机，并以低价转让给他。买来发动机后，刘亦兵没有休息赶紧把飞机装起来。

刘亦兵飞机试飞成功

一般没有飞行经历的人摆弄飞机，往往只把注意力集中在构造上一些零件的联结问题，而不理解一些像翼面的角度、重心的位置这些有关空气动力的因素，而这些因素却对飞行至关重要。非常幸运的是，刘亦兵这时得到了一位航模爱好者对他的帮助，在一些非常重要的参数上给了他宝贵的参考意见。3 个月后，刘亦兵第 6 架自制的超轻型飞机诞生了。

1996 年 4 月的一个星期天，清晨 6 时刚过，乡亲们帮刘亦兵把飞机拉到离家门不远的公路上，在现场再次检查了飞机。刘亦兵坐在驾驶座上，启动了发动机。机声唤醒了远近的村民，大家都循声跑来看刘亦兵的创举。

刘亦兵将他的这架飞机取名为"奋进号"。他操纵飞机由南向北地在公路上奔跑，越跑越快，滑行 50 米后，飞机抬头飞离了地面，爬高到 1 米、2 米、3 米、4 米……观看的群众大为吃惊。他们已经看过刘亦兵的飞机多次试飞，从来没有一次能真正飞起来，仿佛他的飞机本就应该飞不起来，要是飞起来反而是极大的怪事。但是现在飞机却离地飞到了空中，真是令人难以相信！

飞机飞行 200 多米后平稳降落。他父亲首先想到的是那些一直支持刘亦兵的热心人，说："快，快打电话给所有支持过我们的人，我们飞起来啦！"全体在场的乡亲们也都欢呼雀跃起来。

　　以后刘亦兵借来一台无线电遥控模型飞机，在麦地里操纵飞行练习了半年多，使他对控制飞机的飞行更有把握了。冬天来了，银川西湖湖面冻冰了，大约一平方千米的湖面成了刘亦兵飞行的绝好场地。他虽然从来没有正式学习过驾驶飞机，但是现在他却能驾驶着他自制的超轻型飞机在湖面上作多次直线起落和绕场飞行。他希望用劳动创造财富，以后再造出更好的飞机，他还想拜师，学习航空基本知识和飞行技术，用自制飞机飞向更广阔的天地。

　　人类的第一架飞机，是由莱特兄弟发明的。他们和初期的飞机设计师、飞机构造者和飞行驾驶员，都不是航空专业人员。后来，航空发展越来越成为一门高深的学问，有的人觉得它似乎离普通人很遥远。更有人认为，只有专业人员才有资格涉及航空。但是，今天航空技术的发展，涌现出很多器材和材料，比初期的技术状态有了长足的改善。人类对于飞行的知识也不断得到积累。今天的人要去飞行，如果利用改善了的条件，会比航空初创期的人更容易飞上天空，并且更安全。因此，航空技术一方面向高精尖方面发展成为尖端技术，另一方面也成为许多普通人都可以涉及的领域。航空技术本是普通人民创造的，必会再面向普通人民。在一些航空发展较先进的国家，非航空专业人员自己设计、制造、驾驶飞机，是相当普遍的现象。为自制飞机提供飞机图纸、技术资料、刊物和散装件以及各种航空器材，甚至已经成为一个很可观的产业。

　　美国的"试验飞机协会"便是一个民间设计制造飞机和飞行的组织，覆盖美国各州，甚至在世界各国也有分支机构的庞大的航空组织。该协会每年举行的"飞行大会"，是世界同类飞行大会中规模最大的。该协会总部所在地美国奥什可什机场，被称为"世界飞机起降最频繁的机场"，仅在 2001 年举行的 21 世纪首次飞行大会，就有近万架从世界各地飞来的飞机参加，一周的会期中参观者人数近 75 万人。会展上有各种自制飞机的展览，供自制飞机选用的各种航空器材的展销，各种飞机知识的讲座，以及自制飞机制造技术的免费传授等。这种广泛的民间航空活动，为社会的航空发展准备了大量的航空后备军，并形成社会关心航空的氛围。

　　我国出现了第一架农民自己设计制造的飞机，预示着我国也将开始进入这种进程。但是，社会在推进这一进程时似乎应当完善一些机制，应该有更多的渠道向需要航空知识的普通人提供必要的帮助，使一般的爱好者能从专业队伍中获得关于航空的关键知识。这将使普通人自制的飞机飞起来更安全，另一方面也可以提高自制飞机的效率。刘亦兵造了 6 架飞机才首次飞起来，然而这个过程是完全可以缩短的。

空难——血的洗礼

　　飞机虽然给人们的生活带来了很多便利，但它带来的不总是明媚的阳光。由于多种原因，空难已成为世界主要的交通灾难之一。这其中既有气象的变幻万千，飞机设计上的各种缺陷，驾驶员某些方面的不足，规章制度的不够完善，也有人们心理上的种种问题在作怪，这些都是造成空难的因素。

◐ 通往死胡同的捷径

DC－8 飞机

有时候所谓的捷径往往却是通向死胡同。

20 世纪 50 年代以来，一系列的飞行事故使航空界逐渐认识到：虽然操作设计的基本要求是尽可能简单，但这种简单并不等于合并程序，必须保证清晰的飞行操作程序。在操作设计方面偷工减料，往往会造成严重后果。1970 年 7 月 5 日，加拿大航空公司一架 DC－8 飞机再次为人们提出了"简约与繁琐的辩证关系"这一命题。

基本
小知识

塔 台

塔台或称控制塔，是一种设置于机场中的航空运输管制设施，用来监看以及控制飞机起降的地方。世界上大部分的机场都设有塔台，或是使用命令频率，只有少数最忙碌的机场拥有需要设置塔台的航班流量，但也有些机场会在特别活动期间暂时启用塔台。

这一天，该航空公司的 621 航班从蒙特利尔起飞，前往洛杉矶，按计划停经多伦多，并获机场塔台批准，准备在 32 号跑道降落。当地天气非常不错，云底高 1050 米，水平能见度达 30 千米。飞机开始下降，机组执行落地检查单。可是，他们忽略了"检查扰流板"这一项。扰流板的作用犹如汽车的刹车装置，是调整飞机速度的重要手段。他们计划在飞机接地前拉平时，把地面扰流板设成待命状态，一旦飞机主轮接地，便可以自动展开并使飞机减速。可是，当飞机进入跑道入口，高度只有最后 20 米时，由于副驾驶忘记了这个程序，忽略了"检查扰流板"这一项目，机长没有把地面扰流板设置成待命状态。副驾驶一口气把地面扰流板操纵杆拉到头，地面扰流板没有进入待命状态，而是立刻展开。机长意识到这个错误，连忙叫道："不行，不行，不行！"副驾驶也意识到自己犯下大错，连忙说："对不起！真对不起！"不幸的是，大错已经铸成。

　　机长立刻把发动机功率推到最大状态，拉机头上仰，以补偿地面扰流板在空中展开造成的升力减少和高度急剧下降。但是，灾难已经降临——飞机重重地落在了跑道上。主起落架减震系统无法吸收如此强大的撞击力，造成机尾碰地，强大的冲击力立刻把 4 号发动机连同整个发动机短

你知道吗

扰流板

飞机扰流板作用是辅助操纵系统提供起飞、着陆的增升动力和增加在地面或飞行中的气动阻力，改善飞机的操纵性能。主要包括扰流板与减速板系统、水平安定面配平操纵系统及后缘襟翼、前缘增升装置等。

舱震掉，打坏了 4 号备份油箱。可能是因为发动机短舱断掉后导线断路，从燃油箱喷出的燃油立刻点燃起火。飞机接地仅仅一个瞬间，强大的反作用力和机长所做的抬头动作又使飞机重新升空。机长操纵飞机继续爬升，并通知地面，他们准备做一个盘旋，再次着陆。621 航班飞机带着右翼下的熊熊烈火努力向北飞去。幸好主起落架没有受到明显损坏，机组顺利地收起了起落架，

襟翼位于 20 度，扰流板也全部收起。

可是，毕竟在重着陆时损伤严重，飞机勉强坚持了 3 分钟，右翼上最后一台发动机即 3 号发动机连同短舱也相继脱落，整个右翼外侧整体折断。飞机再也无力维持平衡，翻转过来，从 1 千米高度上直接以 400 千米/小时的速度俯冲并触地。飞机立刻被炸得粉碎，烧成一个巨大的火球。此处距离机场北部 10 千米。

表面上看，这起事故起源于一个看似无关紧要的操作，但如此严重的后果，引起航空界深思。首先，用一个操作手柄完成两种截然不同的操作状态，这种设计思想本身就为使用差错留下了隐患。一般的系统使用这样的简约设计方式可以接受，比如加热和通风系统，操作错误也不会造成无法挽救的后果。但是，对于飞机操纵系统来说，这样的简约设计就不能接受了。起码，要增加一些限制装置，比如，当功能变化时，操作力矩应该有变化，或在不同位置的设置处使用弹簧卡口，提醒机组不要错误操作。最理想的设计是，无论怎么操作，在空中也无法打开地面扰流板装置。这只需要与主起落架上的开关连动即可实现。

其次，调查人员发现飞机厂家提供的飞机使用手册对空中到底能不能展开地面扰流板这个问题的表述既不完整，也不明确。因此，航空公司甚至机组人员都没有真正认识到这

拓展阅读

燃油箱

燃油箱，即装油的容器。特指用柴油机或汽油机驱动的机器上储放燃料油的装置。尤指可用于增加航程或携带凝油用的副油箱或可丢弃的油箱。燃油箱是液压系统中储存液压油或液压液的专用容器。

个潜在的危险。加拿大运输部没有认识到加拿大航空公司使用的 DC－8 飞机与其他用户的 DC－8 飞机有差异，他们与航空公司共同承担了疏于管理的责任，毕竟这种飞机上装备了一种有缺陷的扰流板操纵装置。调查组同时对 DC－8 飞机的发动机短舱设计，特别从燃油箱的完好性和电气布置的安全性两方面提出了整改意见。

再次，621 航班机组违反公司规定也是一个原因。加拿大航空公司规定，必须在 300 米高度上设置好地面扰流板待命状态。这些设置机组在前几段飞行中还能够坚持照办；不幸的是，这一次看来他们打算

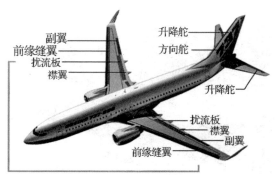

飞机构造图

在飞机接地后手工操作，展开地面扰流板。即便发生了操作错误，已经提前展开了扰流板，如果不把飞机重新拉起来，而是顺势而为，继续着陆滑跑，那会是什么后果呢？也许，那只是一次冲出跑道的事故，机上人员不会遇难。但是，调查组认为，机长决定复飞而不是继续落地滑跑是正确的，至少这是避免或减轻重着陆的规定程序。何况在当时，机组无法得知在重着陆碰击中，飞机结构已经受到严重损坏。

此后，加拿大民航局发布指令，在落地检查单中明确规定，要注意防止地面扰流板空中展开。几年后，又发生一起类似事故，幸好没有造成人员伤亡。加拿大民航局只好强制性地要求安装地面扰流板操纵锁定机构，以防同类错误再次发生。有时，所谓捷径并非捷径，尤其在航空这种需要特别细心的领域，操作设计不能简单的简化，合二为一。机务人员也要按照程序一步

一步操作，切勿粗心大意，否则小祸会酿成不可挽救的灾难。

莫名其妙的偏航

007 航班

一场悲剧的发生，总有许多令人难以置信的巧合。英国有一部以前苏联为敌对背景的系列间谍电影"007"，如果说这可能起源于前苏联国际长途电话的国家代码为007的话，那么，韩国航空公司的007航班在前苏联发生的悲剧就没有任何征兆了。这究竟是因为航行的错误还是因为007航班在执行一项间谍使命呢？

1983年9月1日，韩国航空007航班从纽约起飞，返回汉城。机上有240名旅客，20名乘务员，3名飞行机组人员，有6名韩国航空公司的职员，还有一名美国众议院议员。这是一架波音747-230宽体客机，根据飞行计划，在美国阿拉斯加州安科雷奇经停，更换飞行机组，并且加油。20世纪80年代的民航机飞越大洋时，主要依靠惯性导航技术，因此，飞机在安科雷奇停留时，机上3套惯性导航传感器重新输入飞行计划数据，飞行计划由飞行高度和航路点经纬度为基本元素，与自动驾驶仪交连后，自动操纵飞机，沿着预定航线飞行。

飞机在安科雷奇经停50分钟，重新起飞。飞机起飞10分钟后，开始向右偏航 12 千米。这不算什么异常，安科雷奇的航管员没有询问 007 飞行机组为什么要偏航。之后，007 航班飞越贝瑟尔走廊。根据美国空军的远程防空雷达的记录，该航班偏航已达 25 千米。可是，空军与民航之间的雷达没有信息交连，也没有建立互相协调的制度。民航没有发现这架波音 747 的偏航越来越严重，最后，偏航距离达到 400 千米，直接飞入前苏联堪察加半岛的领空。

堪察加半岛是前苏联远东部分的一个半岛，位于鄂霍次克海和白令海之间。根据记载，人类首次到该半岛探险是在 18 世纪。不过，这个时候，007 航班飞越的下方恰好是前苏联潜艇和导弹基地所在地。这个与美国军事力量隔海相望的无人地带，无疑是冷战时期最紧张的前沿。何况，鄂霍次克海是太平洋西北部的一个边缘海，它位于堪察加半岛和千岛群岛西面，有窄小的海峡与日本海相通，战略地位十分重要。

根据美国方面的截听记录，早上 6 时 5 分，前苏联空军的苏－15 截击机飞行员从空中向地面指挥人员报告，他们已经看见这架波音 747 飞机。20 分钟后，苏－15 截击机完成了敌我识别程序，开火射击，打算引起 007 航班机组人员注意。但是，007 航班没有任何反应，继续在前苏联领空内飞行。不久，因飞机正常的燃油消耗，波音 747 重量减轻，按正常飞行规则，开始从当前巡航高度向更高的巡航

拓展阅读

导 航

导航是引导某一设备，从指定航线从一点运动到另一点的方法。导航分两类：①自主式导航。用飞行器或船舶上的设备导航，有惯性导航、多普勒导航和天文导航等；②非自主式导航。用于飞行器、船舶、汽车等交通设备与有关的地面或空中设备相配合导航，有无线电导航、卫星导航。

高度过渡。这样的动作也许被认为是故意逃避，苏－15 飞机飞到了波音 747 前面，进行警告，然后，重新确定自己的位置，对波音 747 发射了两枚导弹，随即报告说："目标已被击毁。"

波音 747 虽然中弹，遭到严重破坏，部分旅客伤亡，但还可以飞行。副驾驶立刻通话报告说："韩国航空 007 航班……所有发动机……突然损坏……立刻下降……"之后，坠入库页岛西南方 80 千米处的日本海，机上人员全部罹难。失事地点为国际海域，前苏联舰船首先赶到并封锁了坠落现场。事后，前苏联仅把部分残骸和个人物品交给了日美当局，拒绝交出飞行数据记录仪和舱音记录仪，也拒绝配合西方调查组工作。苏方指责西方利用民航机进入苏方领空进行侦察和情报收集活动。如果因导航或机械故障导致偏航，007 机组完全可以通知地面航管员协助导航，也可以排除燃油不足而抄近路的可能性，但也没有证据可以证明 007 航班的机组人员曾意识到飞机已经偏航。

自动驾驶仪

自动驾驶仪是按技术要求自动控制飞行器轨迹的调节设备，其作用主要是保持飞机姿态和辅助驾驶员操纵飞机。对无人驾驶飞机，它将与其他导航设备配合完成规定的飞行任务。导弹上的自动驾驶仪起稳定导弹姿态的作用，故称导弹姿态控制系统。自动驾驶仪是模仿驾驶员的动作驾驶飞机的，它由敏感元件、计算机和伺服机构组成。

国际民航组织的调查结果认为，飞行机组在起飞时把自动驾驶仪的旋钮处于"保持航向"方式上，应飞航向为 246 度。起飞后，应该再转一个角度，以便把自动驾驶仪和惯性导航传感器交连起来，这样，惯性导航传感器就能为自动驾驶仪提供不断更新的导航数据。根据苏－15 飞行员报告，拦截 007 航班时，这架波音 747 的航向为 240 度。另外一種可能是，在安科雷奇停留时，输入起点经纬度数据出错。当时飞机位置经度为西经149度，如果输成西经139度，就会产生同样的偏航幅度。

种可能是，在安科雷奇停留时，输入起点经纬度数据出错。当时飞机位置经度为西经149度，如果输成西经139度，就会产生同样的偏航幅度。

从飞行技术角度说，仍然无法解释为什么会产生如此巨大的偏差而007航班机组却浑然不觉。一种担心是飞机上有6名本公司职员，他们当时在做什么，是否在和机组交谈，分散了机组的注意力呢？在驾驶舱仪表板上，有足够的指示信息，包括惯性导航传感器和自动驾驶仪的工作状态信息。如果系统没有交连，会有告警信息出现。这样的告警是闪烁的灯光和音频告警声。如果说从开始就输入不正确，所有显示出来的航路点乃至整个飞行计划信息都有偏差。当然，安科雷奇航管员的确发现007机组报告的即刻位置时间与预定飞行计划时间不符，但是，并没有询问007航班机组。

根据这样的偏差幅度，007航班机组不可能收到正常飞行时应该收到的圣保罗岛和西米亚空军基地导航台信号。西米亚空军基地导航台是飞越这个地段必须使用的信号，如果飞机没有接收到这个信号，已经说明飞机严重偏航。此外，这架波音747飞机上的气象雷达具有地图识别能力，从雷达屏幕上可以认出飞行下方的堪察加半岛和库页岛。

苏方提交了自己的调查报告，坚持认为这架韩国航班飞机另有目的，指责有关航管员失职，没有发现这架航班飞机已从预定航线和空域里"丢失"。日美方面指责苏方调查报告自相矛盾，特别是没有证据表明射击苏－15截击机的飞行员与韩国航空007航班机组人员进行过联系。甚至，没有证据能够证明他们飞到这架波音飞机的附近，否则，肉眼就能够识别——这是一架标志十分清晰、机体巨大的宽体民航机。

苏方反驳说，当时美国也有一架侦察机RC－135在飞行，利用007航班飞机的角度掩护自己，使苏方地面防空警戒雷达无法看见。这是苏方派苏－15截击机升空拦截的初衷。美国方面随后承认确有一架 RC－135 飞机在当时的空域中活动，但在 007 航班被击落 1 小时前，已经返回基地休息。

16 个月后，美国在圣保罗岛安装了专用的民航雷达系统，以更好地监管北太平洋地区敏感地带的民航运输飞行活动。6 年后，苏联解体，冷战结束。又过了 1 年，俄罗斯交出了当年打捞到的飞行记录仪。分析表明，007 航班机组忘了接通惯性导航传感器。无论韩国航空公司是否在执行间谍使命，机上的 269 名乘客和机组人员都为这两个超级大国的军备竞赛付出了生命的代价。所以，国际民航组织再次呼吁，不得对民航飞机采取武力攻击。参与击落这架客机的一位前苏联飞行员因内疚而自尽，尽管前苏联赋予他"国防英雄"的称号，也不能弥补他对自己行为的谴责，表现出了令人钦佩的人格。

交流不畅引发的两机惨烈相撞

1977 年 3 月 27 日，西班牙加纳利群岛的特内里费岛的洛罗度士机场跑道上，两架波音 747 客机——美国泛美航空公司一架波音 747 和荷兰航空公司一架波音 747 相撞。一瞬间，旅客和机组人员多人死亡。这是民航史上最大的空难事件。

灾难发生在特内里费岛的洛罗度士机场。该岛位于大西洋中，是西班牙的加纳利群岛中最大的岛屿。许多人都把这次事故简单地归结为塔台指挥和机组操作错误，但也有恐怖主义在作祟。这两架飞机原本都不该降落在这个机场，而是降落在加纳利群岛的另外一个岛屿即拉斯帕尔马斯（该岛也是西班牙属加那利群岛上的主要城市，在大加纳利岛东北海岸线上，建于 15 世纪

洛罗度士机场

晚期）。3 月 27 日是星期天，拉斯帕尔马斯机场上人员不是很多，但在机场候机楼内发生了一起炸弹爆炸事件，警方接到消息说，还有一枚炸弹。所以该机场立刻关闭。

这两架波音 747 分别来自美国洛杉矶和荷兰阿姆斯特丹。由于应停机场不能降落，临时改降到特内里费岛的洛罗度士机场，等候进一步通知。加纳利群岛是大西洋中途的重要航空运输枢纽，气候湿润温和，森林茂密，丘陵起伏，风景秀丽，是一处旅游的好地方。因此，一旦出现机场临时关闭，航班积压现象会十分严重，而且都是远程国际航班。一时间，洛罗度士机场停满了大型飞机，候机楼内人满为患，水泄不通。工作人员也心急如焚，努力尽早让旅客继续旅行。

傍晚时分，拉斯帕尔马斯机场终于开放。洛罗度士机场塔台立刻开始放行积压的航班。泛美航的波音 747 已经做好所有准备，得到起飞滑行许可。可是，他们被荷兰航的波音 747 挡住了。荷兰航的波音 747 比泛美航的起飞许可早得多，

波音 747 客机

不过，荷兰航的机长想趁在这里等待的时间把返回阿姆斯特丹的油加满，耽误了重新上客的时间，起飞时间也就顺延到泛美航起飞时间的前面。这两架飞机都要前往附近的终点站拉斯帕尔马斯机场。

荷兰航机长已经累计飞行了 2 万小时，经验丰富。他之所以如此抓紧时间，是因为如果航班继续延误，机组就要超过荷兰民航局规定的最大值勤时间。那样，他们这套机组就必须在这里休息。所以，他们想尽快赶到拉斯帕尔马斯机场，接上返程旅客就走。此外，特内里费岛傍晚容易起雾，加上航班积压严重，他们想尽早离开这忙乱不堪的是非之地。

　　特内里费岛的航班积压的确很严重，后来陆续到达的飞机连停机坪的位置都没有了，只能停在滑行道上等候。所以，荷兰航的波音 747 获得起飞滑行许可后，没有滑行道可用，必须在跑道上滑行到跑道端头，掉头起飞。后面跟着泛美航的这架波音 747 飞机同样需要利用跑道滑行到起飞点，掉头起飞。不出所料，这个时候开始起雾了，能见度下降到只有 500 米，而且气象报告说，将很快下降到 200 米。

　　荷兰航的波音 747 滑到跑道端头，完成了 180 度转弯。在起飞线上，机长通知塔台说已经就位，可以起飞。塔台确认说，已经知道荷兰航波音 747 飞机位于起飞状态，并对起飞后的离场转弯程序作了说明。可是，塔台并没有同意荷兰航波音 747 立刻起飞。荷兰航机长误以为塔台同意起飞，立刻推动油门，操作飞机加速滑跑起飞。

　　问题可能还出在英语通信方面。尽管飞机与塔台的联系使用国际标准英语，但是洛罗度士机场塔台人员是本地人，官方语言是西班牙语，讲英语带有西班牙口音，对英语的理解可能不是很彻底。因为荷兰航波音 747 机组在接到塔台起飞离场程序说明后，虽然塔台很清楚地表明并没有同意起飞，但可能是机长误会，已经操作飞机起飞，副驾驶还专门说了"我们处于起飞状态"。塔台人员显然没有弄清楚这到底是位于起飞状态还是已经处于滑跑状态，他只是回答说"准备起飞……我会通知你……"。在泛美航的波音 747 驾驶舱里，两位机组人员清楚地听见了塔台和荷兰航波音 747 机组的对话，不约而同地同时向塔台报告"还在跑道上滑行"。不幸的是，由于他们同时通话，在塔台那端引起了强烈的无线电干扰声。塔台随后要求他们"离开跑道后报告"，泛美航波音 747 机组随即答复"明白，离开跑道后报告"。

本来，泛美航波音 747 滑行一段，达到 C－3 快速滑行道端口后，应该转下跑道，进入 C－3 滑行道等待起飞。塔台对泛美航波音机组也重申了在 C－3 端口转下跑道，可是，泛美航机组仿佛没有理解塔台的用意，而是继续向前滑去，准备在前面的 C－4 滑行道再转下跑道。

荷兰航正在起飞滑跑的波音 747 机组也听见了泛美航波音 747 机组与塔台的对话，随机工程师还问："怎么泛美航还在跑道上?"，机长却回答说："是呀。"

荷兰专家事后对塔台人员的工作质量提出了强烈置疑：他们不仅没有使用标准航空英语，也没有确认是否起飞的指令，更要命的是，塔台录音带里清晰地录着，当时塔台里有收听实况转播足球大赛的声音。

泛美航的波音 747 飞机继续在跑道上滑行，突然，机长发现前面的浓雾里钻出一架正在起飞抬头状态的波音 747 飞机。泛美航波音 747 机长当机立断，操纵前轮，猛摆机头，飞机偏出跑道，一头扎进土坪里。那架起飞状态的荷兰航波音 747 也发现了前方跑道上有一架波音 747，连忙尽最大努力拉升。可是，起飞时为了减少噪音，机长使用了减少起飞功率方式，飞机速度、高度都不够，抬头动作虽然很猛，但尾部撞在地面上，拖出长长的火焰。地面的反作用力又把机头弹了下来。波音 747 有 4 套主起落架。荷兰航飞机犁过了身下的泛美航飞机头部，绊倒在 150 米开外的跑道上，反向旋转过来，摔成几大段。刚加满油的飞机立刻起火，连续爆炸，散布面积达到 300 米，没有一个人能够在这样的火海中逃脱出来，机上人员全部罹难。

当时的火灾现场

泛美航的波音 747 机身被掀开一大片，垂直尾翼被彻底撞断，飞机打了一个滚，同样被大火和爆炸所包围。幸运的是，由于机长果断决策，干脆地将飞机冲出跑道，机上部分人员获救。

这次沉痛的悲剧再次使人们认识到，国际民航界一定要使用标准精确的航空通信术语，机组和地面航管员一定要确认起飞放行许可。同时，应该尽快部署场面监视雷达，改进地面灯光系统。不过事实上，直到西班牙本土又发生类似事故后，这些宝贵的建议才被完全采纳。希望以后能防患于未然，而不是出了很多事故再悔不当初。

私人飞机闯入国际航道

美国是私人飞机最发达的国家，许多人拥有私人飞机驾驶执照。他们中有的人拥有飞机，更多的是通过飞行俱乐部分享一架飞机，或者仅仅租赁使用。他们是通用航空的重要力量，因此，在美国类似于出租车的短途飞行服务也很便宜。这支民间力量为美国职业航空队伍提供了充裕的后备军。美国空域是对公众开放的，军用空域却受到严格限制，在私人使用空域管理方面经验丰富。应该说，在飞行量如此大的情况下，很少发生重大事故，是相当不容易的。私人飞机通常使用小型机场，只有在共同使用民航机场时，才容易出现险情，而且在绝大多数情况下，是小型私人飞机飞行不规范造成的。

> ### 知识小链接
>
> ## 空　域
>
> 　　根据飞行训练和作战的需要而划定的一定范围的空间，通常以明显地标或导航台为标志。训练空域分为驾驶术飞行空域、射击飞行空域、低空、超低空飞行空域、海上飞行空域、等待空域等。作战空域分待战空域、会合空域和巡逻空域等。

1986 年 8 月 31 日，正是炎热的盛夏之末，人们都懒洋洋地提不起精神来。这一天，墨西哥航空公司一架 DC－9 飞机从墨西哥城前往洛杉矶国际

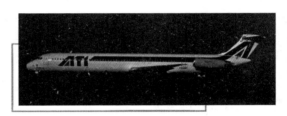

DC－9 飞机

机场，执行 498 航班。飞行一路顺利，航路气象也很稳定，并且已经得到洛杉矶国际机场的接受许可。看起来，又一个航班即将顺利结束。当然，飞机申报的是仪表飞行规则，498 航班机组按公布的飞行规则和批准的程序，朝着西北方向下降，准备着陆。

这个时候，还有一个航班不仅仅希望顺利结束，而且是甜蜜地结束。这是一架小型飞机，风笛手飞机公司出产的"人马星座"。上面有 3 位乘客，他们是一家人，父母和他们的女儿。他们从托兰斯起飞，前往圣贝纳迪诺。这两个小城市都位于加利福尼亚州南部，托兰斯位于洛杉矶以南，创建于 1912 年前后，现为制造业中心。圣贝纳迪诺在圣贝纳迪诺山山脚下，位于洛杉矶

东部，1810 年得名，19 世纪 50 年代设市。这架"人马星座"飞机申报的是目视飞行规则。按照批准的航路，它不得进入繁忙的洛杉矶国际机场管制空域，而是应该在该空域外围经过。可是，它在朝东飞的时候，偏航进了洛杉矶国际机场管

"虎"牌小型飞机

制空域，8 分钟后，它将穿越 498 航班 DC－9 喷气客机下降着陆的航路。洛杉矶天气像往常一样，阳光灿烂，水平能见度达到 25 千米。

洛杉矶塔台的航管员没有看见"人马星座"进入，正忙着引导另外一架小型私人飞机。那是一架格鲁曼飞机公司出产的"虎"牌小型飞机。它也进入了洛杉矶国际机场管制空域，为避免与正常的民航航班发生危险接近，驾驶员正要求航管员协助。

航管员看见雷达上已经出现了 498 航班那架 DC－9 飞机。它正在下降，高度大约 1980 米。他急忙指示"虎"牌飞机的驾驶员说："接下来你要仔细瞧着洛杉矶国际机场管制空域图，按照上面的说明去做。"他说完以后，再返回来看雷达，498 航班那架 DC－9 飞机的回波已经无影无踪了。

根据目击者报告，"人马星座"与 498 航班飞机呈直角状态相撞。残骸分析表明，498 航班飞机的水平尾翼当场削掉了"人马星座"的驾驶舱，3 位机

趣味点击　回波

回波指通过不同于正常路径的其他途径而到达给定点上的信号。在该点上，此信号有足够的大小和时延，以致可以觉察出它与由正常路径传送来的信号有区别。

上人员仿佛被斩首一般，被割掉了头颅。这架小飞机凌空爆炸，粉碎性解体。498 航班失去水平尾翼后，翻转过来，下坠到地面，掉在机场东南 30 千米开外的一片居民区内，"人马星座"飞机的残骸散落在 500 米外的一所学校的操场里。

调查组认为诱发事故的根本原因在于空管体系制度上的落后，特别是仪表飞行规则和目视飞行规则之间不能很好地协调。此外，小飞机擅自进入不该进入的空域是直接原因。此后，美国要求所有飞入主要机场管制区的飞机必须准备可编码的机载应答机，以便航管员及时识别雷达回波目标。完善的飞行管理制度也是在一次次的事故中积攒起来的，这是令人心痛的。

◆ 一连串失误引发的劫难

有时候劫难往往来自一系列疏失。将个人情绪和矛盾带到工作中，害人害己，而自身的业务不熟也会酿成大祸。1992 年 7 月 31 日，泰国国际航空公司的 311 航班从曼谷起飞，前往尼泊尔首都加德满都。航班使用的飞机是"空中客车"A310 飞机。

中午 12 时 45 分，飞机飞到距离加德满都机场 40 千米之外，开始下降。可是，机组发现襟翼无法打开。他们向地面航管员报告飞机故障，然后，要求直接飞到印度加尔各答着陆。不过，他们在空中收起手柄后再次释放，襟翼却正常展开了。当然，这个时候，飞机已经错过正常下降点。为此，机组要求飞越罗密欧导航台，重新开始按预定计划着陆。他们这样请求了 4 次，还是没有得到地面回应，于是，自作主张向右转弯，从当前的 3200 米向 5486

"空中客车" A310 飞机

米爬升。塔台知道 311 航班开始爬升后，立刻通知它保持在 3500 米的高度上，因为它前面正好有一架尼泊尔航空公司的飞机在朝这一方向飞过来。塔台人员之所以没有立刻回答 311 航班，是因为他在处理这个飞过来的尼泊尔航班。这个航班是尼泊尔本国航班，语言相通，他们就多说了几句。这位航管员也是一位实习航管员，业务方面不是很熟练，没能正确使用规定的标准航空通信英语通话。

311 机组接到塔台指令后，立刻就地做了一个 360 度盘旋，打算继续沿预定航向下降，返回原来的导航台，可是在飞行管理计算机系统上输入"罗密欧"这个导航台时，怎么也输不进去。机长不得不报告说："我们遇到了技术问题。"其实，不是输入发生技术困难，而是机组对飞行管理系统不熟，不知道在已经飞过罗密欧导航台的情况下，再次输入该导航台，无法在电子地图上显示出来。因为，从飞行管理系统的设计上说，没有考虑掉头朝回飞的情况。机组无法从显示的电子地图上看见自己所输入的导航台，才认为飞机出了问题。

副驾驶在最近的机长晋升考核中没有得到合格的成绩，机长已经知道这位副驾驶因技能不佳，无法提升到机长岗位，所以，根本不相信副驾驶的技能。实际上在航路中，副驾驶也的确有几次没有完成机长的指令。副驾驶报告无法输入罗密欧导航台后，机长自己操作键盘，企图输入，可能是两人在同时输入，飞行管理计算机没有接收他们的指令。

正在这一系列手忙脚乱的时候，飞机已经逾越了 360 度的闭合圈子。因此，完成转弯后，飞机实际上并没有严格按原来航向飞行，而是稍微超出一点。可是，众所周知尼泊尔是个高山国家，这一点点偏差在尼泊尔经常是致命性的。

这套机组经常飞加德满都机场，对这里非常熟悉。可能因为无法向飞行管理系统输入希望的导航台，他们朝外观测，过于依赖地貌特征飞行，于是发生了方位判断上的错误。他们报告说他们位于机场南部，实际上却朝北部山区飞去。当时天气也不太好，多云。他们正忙着与地面航管员说明为什么错过了罗密欧导航台，下一步打算怎么做，由于双方的母语都不是英语，通话效率很低，需要反复解释才能互相理解。可是，飞机不能停下来，只能继续在空中飞行。

最关键的是到此刻为止，无论机组还是地面的实习航管员都没有提到 311 飞机的具体方位在哪里，机长仅仅报告过一次与机场的距离。尽管如此，这也是他认为的距离，并没有任何导航台信号加以确认。这也是未使用标准通话的一个后果，导致双方疏忽了飞行安全的关键要素。特别是塔台指令 311 航班要保持在 3500 米高度上后，按照规则，应该很快发出进一步的指令。可是，他再也没有引导过 311 航班。

311 航班机组可能因此发生误会。他们认为地面航管员当然在监视他们的飞行，之所以没有发出指令，是认为 311 航班机组操作是正确的，没有问题。所以，311 机组就继续按照他们的想象而不是地面的引导飞了下去，并很快从左边飞过已经平行的机场跑道。副驾驶还没有认识到为什么平常输入的导航台这一次却看不见了，有些绝望地说："那些导航台怎么都不见了？我们应该正在朝他们那里飞呀。"这时，如果应用最简单的无线电导航方式即自动定向机，就能发现他们希望的导航台不在飞机前面，已经落在飞机后面。在最后一刻，副驾驶感觉到飞行方向不对，连声叫道："我们在朝北飞，我们在朝北飞。"然后，近地告警系统响了起来。副驾驶叫道："赶快躲！赶快躲！"可是，机长却说："没有什么，那是误警。"

当时，正下着大雨，云很低，能见度不好，只有 5 千米左右。飞机前方的高山被森林覆盖，在雨雾中显得朦朦胧胧。机长发现前方蓦地出现庞然大物时，已经措手不及，飞机虽然开始拉起，但还是不可避免地撞进陡峭的山岩。

地面的实习航管员只有 9 个月工作经验，特别是他从来没有询问过 311 航班飞机的速度和航向，所以，当他感觉 311 航班飞机可能已经出事后，仍然无法正确描绘 311 航班飞机的可能方位，给及时救援造成了很大困难。2 天后，才在机场东北方向 40 千米开外的山区发现了飞机残骸，机上人员早已全部罹难。事故地点海拔高度 1400 米，撞击速度 560 千米每小时。飞机处于航线飞行状态，襟翼和起落架均未放下。撞击时飞机发生过爆炸，但没有明显的起火燃烧现象，这可能和当时正值大雨滂沱有关。

对飞机残骸的检查，没有发现故障，导航设备也没有问题。这是一场人为原因造成的事故。而这样的灾难本来是可以避免的，但是到最后很多人因为这些人为原因而失去了生命。

一字之差带来的生命灾难

俗话说"差之毫厘，谬以千里"。尤其是在航空这样的领域，有时候一点点小错往往会愚弄生命，践踏生命。1995 年 12 月 20 日，又是一个圣诞节前的日子。在美国，许多单位已经开始放假，作为旅游城市的迈阿密，航空运输自然十分繁忙。这天下午，美利坚航空公司的一架波音 757 飞机执行 965 航班，前往哥伦比亚的卡利。卡利是哥伦比亚西南部城市，位于波哥大西南的卡利河畔，建于 1536 年。本次航班的机长在这条航线上已经飞过 13 次，经验丰富。在他的监督下，本次航班由副驾驶具体操作飞行。

虽然起飞时严重延误，推迟了 2 小时，但一路顺利。波哥大航管中心接到 965 航班报告后，批准他们下降，并按程序把 965 航班移交给航管员。根据飞行计划，965 航班应该飞越当地的一座叫作图图拉的导航台并在 1 号跑道上着陆。

波音 757 客机

为了赶时间，机组讨论了形势后，认为可以利用 1 号跑道直接着陆，从方向上说，却是反向 180 度，因此，跑道这一端口为 19 号。塔台同意了 965 航班机组的新计划。但是，由于英语不是母语，他没有听清楚机组要求的真正含义是直飞到跑道前的罗卓导航台。

卡利机场附近空域条件不好。这个城市坐落在峡谷之中，要沿着狭长的河谷地带下降着陆，航路两侧是崇山峻岭。而且，卡利机场没有航管雷达，塔台无法监视飞机下降状态，只能根据机组自己的报告来确定飞机方位、航向和速度。由于 965 航班机组采用了直飞方式，沿途的导航台一律忽略不计，机组自己也没有及时核对飞机所在的方位是否正确。

为了直飞罗卓导航台，965 机组在飞行管理系统上输入罗卓导航台的名字。本来应该把全称输入，可是为简便起见，仅仅输入了一个"罗"字。这

拓展阅读

导航台

导航台是确定飞机的位置并引导飞机按预定航线飞行的地面台站。导航台安装的是无线电导航系统中的地面部分，它与飞机的导航设备共同组成导航系列。

样，飞行管理计算机把数据库中所有"罗"字开头的导航台统统调出来，一共有 12 座，并按后继字母顺序排序。机长没有意识到计算机不能按照当前位置自动排列合理的导航台，本能地选择了第一个导航台。副驾驶违反规定，没有对机长的选择加以确认。飞机立刻自动执行了这个命令，只是，不幸的是，排在第一个的并不是他们希望的罗卓导航台，而是罗密欧导航台。

罗密欧导航台并不在本地，而是位于波哥大，距离飞机当前位置还有 210 千米，其间高山重重。更重要的是，为避免同名混淆，国际航图标志中规定，在一个国家里，不得使用同样标志符来代表不同地点和工作频率的导航台。所以，在导航数据库的设计中，虽然罗卓导航台和罗密欧导航台都可以用"罗"字标志，但对于哥伦比亚这个国家来说，罗密欧导航台的重要性远高于罗卓导航台，在数据库中，用"罗"字来表示罗密欧导航台，而不是罗卓导航台。机组企图通过"罗"字来调出罗卓导航台，那是根本办不到的。

其实，机长只需要检查一下这个"罗"字后面显示的经纬度，就能发现根本不对头。那样，他就能意识到，如果想调出罗卓导航台，必须全部输入"罗卓"全称。从这个角度推断，机组没有认真进行飞行前的准备。

飞行管理系统接到飞往罗密欧导航台指令后，立刻操纵飞机转弯。由于机组已经使用直飞功能，计算机自动删除原来飞行计划中的中间导航台。这样，飞机改变方向，偏出正常下降着陆航线时，机组一时没有察觉。飞机很快飞出本来应该自动截获的下降航路点，朝着波哥大方向飞过去。不幸的是，前方是大片山区。飞机虽然改变方向，但是没有改变飞行方式，也就是，一边朝着罗密欧导航台的方向飞行，一边把它当作卡利机场的罗卓导航台，自动操纵飞机继续下降。

机组并没有认识到他们的危险，他们对地形如此放松警惕的原因是，卡利机场附近虽然多山，但这个城市本身坐落在峡谷里，海拔高度并不高，不在规定的"特别小心地形和高度的机场"范围内。当然，按照下降时间推算，机长没有发现应该看见的跑道，也没有其他任何前方是机场的迹

你知道吗

海拔高度

海拔高度也称绝对高度，指某地与海平面的高度差，通常以平均海平面做标准来计算，是表示地面某个地点高出海平面的垂直距离。海拔的起点叫海拔零点或水准零点，是某一滨海地点的平均海水面。它是根据当地测潮站的多年记录，把海水面的位置加以平均而得出的。

象。他开始怀疑飞机的方向有问题，问操纵飞机的副驾驶说："我们在朝哪里飞？"副驾驶也忘记了因为采用直飞方式，飞行管理系统已经忽略了中间的所有导航台，所以，他居然回答说："我们不是朝图图拉导航台飞吗？"机长毕竟经验丰富，他觉察到什么，说："不对，不是图图拉。我们究竟在哪里？"

地面和飞机上的导航设施都是完好的，有许多可以确定飞机位置的手段和设备，甚至只要看看仪表，就能知道自己的正确方位。这个时候，机组已经开始慌张了，感觉到自己迷航，可是，仍然没有认识到在飞行管理系统上的输入错误，还是企图用飞行管理系统的自动功能来走出困境。

一般来说，如果对新设备不熟悉，应该停止使用，至少应该参考熟悉的

导航方式，比如通过最基本的无线电导航系统进行核对。如果机组沉着面对问题，通过一系列的交叉检查方式，就能够确认自己的位置。他们显然因迷航而过分慌乱了。

塔台人员也隐隐约约感觉不对。可是，他的业务英语虽然没有问题，但总不如母语自如方便，如果可以讲母语，他早就会多问几句了，作为外国语，和大多数人一样，能不开口，就不想开口了。

965 航班机组犯了同样错误，他们根本没有想到与机场塔台联络，本能地认为，如果飞机飞偏了，塔台会通知他们。可是，在这个关键时刻，他们忘记了卡利机场根本没有航管雷达，无法主动监视他们的方位和高度，更不要说给他们提供雷达引导帮助了。

你知道吗

航 图

航空用图是民航情报服务部门根据飞行规则、飞机性能、空域情况等内容统一绘制并发布，具有很强的时效性，并且具有法律效力的公文。中国民航自己的飞行情报服务机构，负责航行资料、航行情报的汇总、发布，并随时进行数据信息的更新。现在民航飞行中使用的航图主要有杰普森航图、FAA 航图，以及各国根据自己情况自己制作的航图。

副驾驶过分相信和依赖机长的个人经验，忽略了飞行仪表的实际指示。机长决定改变着陆跑道后，也没有充分复习 19 号跑道的空域条件等问题，而是基本上在凭自己的记忆飞行。

直到近地告警系统鸣叫起来，机长才相信肯定出了问题，当机立断，立刻拉起飞机。飞机由于抬头太猛，系统又告警说飞机即将进入失速状态，机长只好放松抬头动作。虽然机长的反应还是灵敏的，但是，已经无法拯救触地的命运。飞机擦着树梢，翻过山头，跌进了山坡对面的一端。机上人员多数罹难，部分生还。

　　事故调查组发现，为方便机组使用，航图已改成彩色印刷，颜色和立体感强调了地形特征，可965机组似乎还是习惯老式的黑白平面式航图。同时，飞机上一切设备正常，特别是先进的自动化飞行管理系统的能力很充分。应该说，这是机组面临新老技术交替时自身没有主动适应新技术造成的过失，与自动化的发展趋势无关。

　　为此，调查组建议进一步应用新技术，尽早在飞机上采用与彩色印刷的立体航图一样的航图显示，用丰富的彩色显示技术为机组提供更丰富、更清晰的飞行动态信息。总之，不能由于新产品出事而排斥新技术的应用前景。

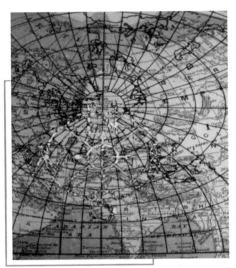

导航图

　　之后，国际民航组织建议研制全球统一的电子导航数据库标准，解决近似民导航台输入方式。美国联邦航空局提出要改进现有的近地告警系统，大幅度提早告警时间，以便机组有时间采取拯救行动。这样的近地告警系统就是今天广泛采用的"增强型近地告警系统"。

◑ 安全最重要

　　飞机在飞行过程中最重要的是安全问题。

1994 年 4 月 26 日，中国台湾中华航空公司的 140 航班从台北国际机场起飞，前往日本名古屋。航班使用 A300B4－622R 宽体客机，满载 249 名旅客，15 名机组成员，于当地时间 2 时顺利到达名古屋国际机场上空。20 时 14 分，塔台准许 140 航班在 34 号跑道上着陆。飞机一直下降到距离地面仅 300 米时，看起来还是一切正常。不过，驾驶舱内部这时已经陷入一片混乱。起因却是一件很小的事情，或者说很小的过失。本来，这样的过失只要能够及时纠正就可以安全着陆，然而却造成了重大损失。

拓展阅读

日本名古屋

名古屋是日本中部爱知县西部的城市，也是爱知县县厅所在地，属于政令指定都市一级。名古屋过去是尾张德川的城下町。因为它是中部地区的商业、工业、交通的中心地，而且位于东京和京都的中间，所以又被称作中京，并设有中京工业核心地带。

事情的起因是，副驾驶可能为了把自动油门状态改成手动状态，不小心触动了油门杆的"起飞/复飞"按钮，这个指令使自动驾驶仪转为起飞状态，发动机恢复最大功率，飞机停止下降。机长在这种飞机上，他有 1357 小时飞行经验，

A300B4－622R 宽体客机

并且及时发现了这个错误，说："你动了油门杆的'起飞/复飞'按钮。"副驾驶说："我就碰了一下，先生。"机长吩咐他说："解除'起飞/复飞'方式。"这个时候，飞机位于机场跑道入口 5500 米，很快就可以着陆了。

　　副驾驶按照机长吩咐，用升降舵操纵飞机，手工减少发动机功率，使飞机重新回到下降剖面上。可是，尽管机长提醒副驾驶两次，他仍然没有解除自动驾驶仪的"起飞/复飞"方式。这可能是因为副驾驶认为只要解除油门杆的"起飞/复飞"按钮就行了，但自动驾驶仪已经改变成"起飞/复飞"工作方式，不能通过油门杆解除。副驾驶也按照要求前推操纵杆，压低机头，因为自动驾驶仪已经处于"起飞/复飞"方式，推驾驶杆无法改变它的工作方式，必须直接用自动驾驶仪的功能按钮来解除。其实，只要在仪表板上重新选择要求的自动驾驶仪工作方式就可以了。

　　飞机在人工操纵下强行下降高度，但在自动驾驶仪的操纵下保持起飞/复飞姿态，飞机在不断抬头。距离地面只有150米高度时，机长亲自驾驶，也没有认识到飞机已经接近上仰极限状态，只是发现飞机不听话，虽然在勉强下降高度，却在持续抬头。他自言自语地说："今天这是怎么啦？"飞机已经进入最大仰角保护姿态，系统发出了告警声。机长也像副驾驶那样，想通过推操纵杆来压低机头，进一步手工收小油门，可无法降低飞机抬头姿态。机长认为飞机姿态不对，无法落地，只能将错就错，要求改成复飞状态。副驾驶对塔台通话说"飞机进入复飞"。

　　机长是有错误的，他没有发现仪表板上的指示，飞机已经处于"起飞/复飞"工作方式，这是飞机自动抬头的根本原因。副驾驶没有解除自动驾驶仪的这种方式，他自己也认识到，自己操纵飞机时比正常情况下更费力。这是自动驾驶仪在抵抗他的操作。可是，他不敢告诉机长，担心机长批评他。机长主观认为副驾驶已经完全控制了飞机，没有观察仪表板上的工作状态，自己也没有采取正确的行动和程序。在一系列错误操作下，飞机超过自动配平的工作范畴，系统无法自动保持飞机俯仰平衡，进入失速边缘。偏偏在这个时候，机长又决定复飞了。

"空中客车"飞机

"空中客车"飞机公司的这种驾驶系统设计概念在其他西方航空公司已经导致两次同类错误，由于机组技术过硬，及时纠正了错误，"空中客车"飞机公司也发出了相应的修改指南。因为这些指南标志为"建议指南"，不是"必须执行"，所以，中华航空公司计划等到飞行计算机有了故障需要修理时一并进行修改。"空中客车"的使用说明书也写得不够明确，机组不容易搞清楚这些自动工作方式之间精确的相互关系，特别是没有强调如何解除自动驾驶仪的基本工作方式。"起飞/复飞"方式是自动驾驶仪的基本工作方式。对于飞机失去平衡能力后的紧急恢复也描写得不够。140机组没有及时认识和纠正错误的另一个原因是，公司选择了在泰国航空公司的飞行模拟器上训练，而泰国的模拟器没有及时更新相应的修改软件和培训材料。换言之，中华航空公司机组在泰国实际上没有接受过这样的训练。

飞机在复飞动作下迅速抬头，但是根本没有速度，飞机立刻超出仰角极限，进入失速状态。飞机尾部首先碰到了地面，但速度只有145千米/时。接着左翼触地，飞机解体，起火爆炸，残骸分布范围长140米、宽60米，距离跑道中线只有120米。左发动机抛离，右发动机还连在挂架上，机

广角镜

油门

油门又称加速踏板，是汽车燃料供给系的一部分，是内燃机上控制燃料供量的装置。通过控制其踩踏量，来控制发动机进气量，从而控制发动机的转速。

翼断成几截，水平尾翼和垂直尾翼都折断了。

事情发生后，"空中客车"飞机公司作了全面修改。首先是修改油门杆设计，不能无意碰到"起飞/复飞"按钮，并对自动驾驶仪软件进行修改，在"起飞/复飞"方式下，推动操纵杆可以直接解除自动驾驶仪工作，并且对机组的训练科目也作了充实和改进。由此，再次说明飞机飞行安全的重要性。

➤ 疲劳就是伤亡

在当今的航空公司管理中，各航空公司对机组疲劳问题已经高度重视，安排飞行作业时，严格控制飞行人员的时间。美国国家运输安全委员会甚至提出"疲劳就是伤亡"这一概念。但是，飞行疲劳事故仍有发生。

美利坚航空公司安排飞行机组3天为一个工作单元。1999年6月2日，1420航班是该机组3天航班中头一天的最后一段。这一天早晨，该机组执行1226航班，从芝加哥前往盐湖城，然后，执行2080航班，从盐湖城前往沃思堡达拉斯，最后，1420航班前往小石城。小石城是阿肯色州的首府也是州内最大的城市，位于阿肯色河畔。

这一天，美国上空天气普遍不好。1226航班由机长驾驶，2080航班由副驾驶操作。由于沃思堡地区天气太差，飞机在空中盘旋等待了半小时才着陆。1420航班预定在当地时间20时28分起飞，21时41分到达小石城。机组执行2080航班时，在空中就收到地面的电报说，1420航班航路上有雷雨，需要延误到21时起飞。由于2080航班已经延误，根据公司的飞机检查制度，1420航班必须推迟到23时16分才能再次起飞。为此，副驾驶建议说，要么取消

1420 航班，要么换一架飞机。沃思堡地面准备了另外一架飞机，1420 航班于 22 时 40 分再次起飞，由机长驾驶。机长飞行阅历非常丰富。副驾驶进入美利坚航空公司工作，飞行技能方面的评语是"超过公司招募飞行员的平均技能水平，具有非常好的专业理解力和知识"。他家在洛杉矶，执行 1420 航班前，从洛杉矶搭本公司航班到芝加哥上班，路上需要 4 小时。这在美国的航空公司是司空见惯的事情。

23 时 34 分，小石城塔台通知 1420 机组说，机场西北有雷暴活动，阵风很大，达到 81 千米/小时。副驾驶回答说的确如此，在空中已经看见那里有闪电现象。接着，他们开始讨论如何处理阵风问题，他们在公司规定的侧风条件方面出现了分歧，驾驶飞机的机长说，公司规定的最大侧风为 46 千米每小时，但是副驾驶说，公司规定的最大侧风不能超过 37 千米每小时。他还拿出手册想让机长看看，但是机长说："你放下那东西，我还记得住什么是公司规定。"

5 分钟后，塔台通知 1420 航班可以下降到 980 米高度，并批准他们使用 22 号左跑道做目视着陆。塔台说："从现在起你们可以使用机上雷达，可能比我们的地面雷达看得更清楚些。"副驾驶回答说："是这样，我们的气象雷达显示出来的雷雨信息与你们提供的相仿，只是移动速度比你们预报的快一些。我们只能勉强看出来 22 号跑道，所以，请你们尽可能地继续帮助我们落地。"塔台通知机组说，在机场西北边界处，有风切变活动。机组随即要求在 4 号右跑道着陆，这样，可以顶风着陆，否则，继续在 22 号跑道上着陆，就是顺风。塔台同意了机组的请求，飞机掉转方向，避开雷雨区，对准了航向信标台，按照规定的下降梯度，开始朝 4 号跑道飞去。

知识小链接

着 陆

飞机从安全高度下滑过渡到接地滑跑直至完全停止的整个减速运动过程，称为着陆。飞机着陆一般分下滑、拉平、平飞、飘落、滑跑五个阶段进行。

不过，机长却发现了问题，他问副驾驶："你看见机场了吗？它在那边吗？我看不出跑道在哪里。"塔台告诉1420机组说，又过来一片雷雨。副驾驶问机长："那么，是不是尽快抄近路着陆？"机长说："行啊，如果你看见跑道，可以这么做，可我还没有看见跑道。"副驾驶说："不是在那里吗？"机长说："你给我指方向，我朝那里飞。"副驾驶说："就在前方右边。"之后，他通知塔台说："我们现在还在云中，朝机场方向过来，我们认为机场跑道在我们3点钟的方位上，还有7500米。"塔台说："如果你们看不见机场，需要地面帮助，我们愿意效劳。"

1分钟后，副驾驶问："那不是机场？"机长说："没有瞧见啊。"副驾驶说："那不是吗？"机长说："什么？在哪里……算了，机场，请给我雷达引导。"塔台随后通知他们位于机场外5500米处。机长对副驾驶说："我看不见机场和跑道，可能没有办法目视着陆。"副驾驶通知塔台，因为前面有浓云，看不见机场和跑道。塔台立刻给出雷达引导方位，指示他们保持航向和高度。副驾驶从机上气象雷达发现飞机已经十分接近雷暴区域，他把这个情况通知给塔台，塔台引导他们从右边绕过雷暴区域，机长和副驾驶都认为这个主意不错。

飞机终于对准跑道的方向并开始下降，可是，云仍然很多，经常干扰机组视线。同时，飞机不住地左右摇摆，操作起来异常沉重。副驾驶提醒机长

拓展阅读

反推力装置

反推力装置（又称反推器）是现代客机必备的设备。顾名思义，它是产生与飞机飞行方向相反推力的设备，其作用与发动机正常工作时的作用正好相反。发动机工作时，大量的气体（高温燃气或空气）以高速度向后喷出，产生与飞机飞行方向一致的推力，推动飞机克服空气给它的阻力而向前飞行。反推力装置则是将喷出的发动机气体折向发动机前方，使气体向发动机前方喷出，产生与飞机飞行方向相反的力，即反推力。

说，可能遭遇雷暴区域。机长说，是的，简直陷入了泥沼。他们努力控制飞机，但飞机反应十分迟钝，随着速度和高度的迅速减低，飞机机动性越来越差，基本上无法稳定。副驾驶嘟哝了一声："我们是不是拉起来，复飞？"机长没有听见，全神贯注地操纵飞机，在只有130米高度上，机长还说："我看不见跑道。"副驾驶有些担心了，问："你说，还看不见什么？"机长又说："好，终于看

见了。"飞机接着振动了一下，副驾驶说："我们已经接地。"之后，他又说，"飞机在（跑道上）侧滑！"机组随即使用反推力装置、方向舵和扰流板来控制飞机侧滑。飞机稳定下来，机组停止操作后，飞机又被强风吹成侧滑，机组再次使用反推力，不过，飞机已经冲出跑道，冲破机场围栏，撞上着陆系统灯柱等建筑物，折成两截，停在荒野里。机长和10名旅客当场罹难，其余大部分受伤，只有小部分人安然无恙。

机场抢险队立刻赶往现场，大雨滂沱，抢险车的司机们反映说，当时根本看不清窗外的视野，只能凭借经验和感觉驶到飞机残骸前。副驾驶左腿折断，被抬下飞机。前面的旅客自己从飞机折断处跑下飞机，后舱旅客成功地打开了上舱门，乘务员及时打开尾舱门，除了受伤后无法走动的旅客，其余

人员顺利逃生。之后，抢险队员进入飞机抢救伤员，并进行内部灭火，撤离残骸现场。

事故的直接原因是机组高度疲劳，没有能够在恶劣的气象条件下正确决策，及时中断着陆。机长也违反了公司规定的最大着陆侧风条件。虽然在这样的情况下能够落地，单纯从个人技术角度说还是相当不错的，但是飞行安全不能依靠个人技能来保证，需要机组严格遵守规章制度。

◥ 语言不通造成的南辕北辙

对于一家大型航空公司来说，不仅是航空器材和使用存在地域性差异，包括职工和管理也有不同的地区和文化差异。这类问题说起来很简单，但是不容易事先充分认识和防范。

MD - 11 **客机**

1999 年 8 月 22 日，星期天。这一天，中国台湾中华航空公司 642 航班从曼谷返回中国台湾，在中国香港经停。这是一架 MD - 11 客机，机上有 300 名旅客，15 名机组人员。这架飞机于 1992 年建造，已经飞行使用了 30 700 小时，包括 5800 个起落。

之前，香港方面已经预报会有"萨姆"台风登陆。香港气象局给出的预报是 8 号风球，这表示是飓风级强台风，平均速度达到 117 千米/小时。到了星期天下午，最大风力达到 130 千米/小时，比普通汽车行驶速度还要快。

不过，642 航班飞机要着陆时，风力已经降到"热带风暴"级。

台 风

　　在台湾岛附近出现的一种具有特殊性质的风暴称为台风。过去我国习惯称海温高于 26℃ 的热带洋面上发展的热带气旋为台风，热带气旋按照其强度的不同，依次可分为六个等级：热带低压、热带风暴、强热带风暴、台风、强台风和超强台风。1989 年起我国采用国际热带气旋名称和等级标准。

　　中国香港新机场于 1998 年 7 月建成开航，总投资达 200 亿美元。因为台风登陆，光是本地的航空公司即中国香港国泰航空公司就取消了 9 个起飞航班，15 个到达航班。虽然本地旅客可以返回住所，但机场还是滞留了数千名无处可去的旅客。

　　早上 6 时 40 分，整个机场已有 175 个航班取消，或改航到其他机场降落。机场和航空公司正在全力以赴地安顿越来越烦躁的旅客。旅客们并不知道，只要有一个航班取消、延误或者备降到其他机场，从航行管制到地面机构，所有部门都要重新安排计划。这样的重新安排计划如果是因为一架飞机故障造成，也就算了；如果因为台风等不可抗拒原因，就特别麻烦。而且气象变化不断，工作的反复量很大，给许多部门增加了工作份额。

　　面对旅客的现场工作人员压力最大，所有柜台都被旅客围得水泄不通。旅客的抱怨也能理解，毕竟他们处于进退两难的境地。在中国台湾航空公司柜台前，工作人员告诉旅客说，公司已经准备了额外 4 架飞机，一旦天气情况好转，他们就会尽快赶过来。这个时候，642 航班已经按时到达香港机场上空。香港地面风力仍然很大，虽然有 11 个航班安全落地，但最后一个航班是早在 16 分钟前落地的。预定在 642 航班前着陆的两架飞机已经决定改航，到其他地方备降了。

　　香港新机场在选址方面的一个主要难点就是无法避免恶劣的地形。一面是山，一面是海，对风特别敏感。所以，它装备了最先进的美国气象雷达和计算机高速分析处理系统，总价值 3 亿美元，在美国才安装了 40 套，中国香港新机场是除美国外世界上其他机场中第一家购买这样先进的气象系统，气象预报的质量还是相当高的。而且，642 航班机长向香港塔台报告说，飞机客舱已经起火，有 4 名机组人员受伤，必须在这里紧急着陆。

知识小链接

气象雷达

　　气象雷达是专门用于大气探测的雷达，属于主动式微波大气遥感设备。与无线电探空仪配套使用的高空风测风雷达，只是一种对位移气球定位的专门设备，一般不算作此类雷达。气象雷达是用于警戒和预报中、小尺度天气系统（如台风和暴雨云系）的主要探测工具之一。常规雷达装置大体上由定向天线、发射机、接收机、天线控制器、显示器和照相装置、电子计算机和图像传输等部分组成。

　　着陆前 3 分钟，副驾驶与塔台联络，塔台说明了当时的风速，刚好超过华航飞行手册上的规定安全数据。根据副驾驶的气象报告，机长决定着陆。飞机下来了，可是摇晃得很厉害，滚转角度也很大，达到 15 度。飞机高度只有在 210 米时，塔台通知此刻阵风突然增加，超过华航飞行手册的规定。当然，在设计上，MD－11 飞机完全可以经受这样的大风，手册总是留足了安全余量。

　　6 时 45 分，副驾驶发现飞机高度掉得太快，虽然没有意识到侧风已经超过公司规定的着陆标准，还是劝告机长应该放弃着陆，重新拉起来。机长事后接受调查时表明，副驾驶是在机翼已经触地后才这么说的。总之，飞机无

台 风

法保持姿态，右翼首先碰上跑道，从主起落架外侧机身处折断，整个飞机立刻向右翻滚过去，肚皮朝上，重重地扣摔在了跑道外面。还好这是新机场，许多设施都还没有建设完毕，这块空地是一块将来建设机库的用地。

飞机倾覆后，开始着火，正在上下其他飞机的旅客听见一声巨大的闷响。33 分钟后，消防车赶到现场，进行灭火。这个时候，仍然是风雨交加。

在 642 航班飞机的客舱里，由于当时已经在着陆，所有的人都系着安全带，结果，他们像倒栽葱一样地吊着，有的人就这样被倒吊着几个小时，才被救下来。也许是新机场的缘故，也许是狂风暴雨的缘故，总之，救援速度相当慢，有些人还被大量的消防泡沫弄伤，引起许多旅客抱怨。逃出来的人站在外面，在大风中吹了半个多小时，也没有车来接。当车辆终于到达后，数量又不充足，由于旅客惊恐不安，又造成一些轻微损伤，现场相当混乱。

香港机场就此解释说，当时需要救援的工作量相当繁重，许多旅客还被倒吊在客舱里，情况十分紧急。他们曾要求没有受伤的旅客和机组人员等一等，让那些受伤的人和急需救援的人优先，最多也就半个小时而已，实在不应该如此牢骚满腹。而且，从救援效果说，应该在现场初步检查一下每个人的受伤情况，进行救助和分类，把最需要者送到最近的医院，以免在路上耽误宝贵的时间。

与他们各执一词形成鲜明对比的是，当时飞机上有一位香港男性旅客，他是一个保险推销员。事故发生后，他没有受伤本可立刻逃生；但他发现现场混乱，很容易发生恶性事故，就放弃了逃生的机会，努力平定旅客情绪，站在破损的出口处，帮助维持秩序，其他旅客慌不择路的推撞使他几处被撞伤。到了地面后，他在大雨中又坚持两个半小时，协助地面人员工作。事后香港有关部门找到他，要对他进行表彰。另外，根据他的描述，有关部门又找到了另一位热心助人者，也是一位香港中年男性。

事后对飞行记录仪的记录分析表明，由于正、副驾驶的母语并不相同，而且两人都不是从小讲英语，都需要用外语才能交谈，所以，在协调和交流方面不够主动和自觉。随着经济的发展，人民生活水平的改善，民航运输量激增，东方国家的航空公司飞行人员资源不足。为了加强飞行队伍的技术含量，只好从西方国家引进飞行员。这样的想法如果贯彻不当，让他们直接上飞机并负责日常飞行任务，隐患还是比较大的。华航 642 航班事故是这类隐患中的一个典型事件。

引进外籍机长是华航为改进飞行安全而特别筹划的重要措施。642 航班事故再次证明，飞行安全在于整体管理水平，要遵守基本飞行规则，并且建立良好的驾驶舱交流环境。如果说机组彼此之间连基本交流能力都保证不了，这就严重违反了基本的安全原则，一切努力也只能是南辕北辙。

◀◉ 炫耀逞能引发的悲剧

飞行员应该具备良好的素质，不应以自己会飞行而炫耀。下面这次飞机事故就是因为炫耀而引起的。

趣味点击 　　跳伞运动

　　跳伞运动是指跳伞员乘飞机、气球等航空器或其他器械升至高空后跳下，或者从陡峭的山顶、高地上跳下，并借助空气动力和降落伞在张开降落伞之前和开伞后完成各种规定动作，并利用降落伞减缓下降速度在指定区域安全着陆的一项体育运动。它以自身的惊险和挑战性，被世人誉为"勇敢者的运动"。

　　2002 年 7 月，乌克兰短暂的夏季已经接近尾声，大型户外活动的好日子又要结束了。这一天，该市最大的娱乐活动应该是乌克兰空军在驻地即利沃夫郊外的辛格利夫机场举行的飞行表演了。预定参加表演的有"苏 – 27"和"米格 – 29"等乌克兰空军最先进的战斗机，还有滑翔机和空中跳伞等助兴活动。虽然乌克兰经常进行这类表演，但仍然吸引了许多群众，不少人带着正在放暑假的孩子来看表演，现场观众达到上万人。而且，这次表演一是纪念打败德国法西斯的城市解放日，二是庆祝空军第 14 军成立 60 周年。该部队于 1942 年成立，在卫国战争中共击毁敌机一千余架，功名赫赫，是前苏联当时最著名的空军王牌部队之一。

　　人们来到机场，自由参观停放在机场里的各种飞机，拍照留念。接着，

苏 – 27 和米格 – 29

表演开始，按照惯例，最先出场的是运输机和空降兵。空降兵们在跳伞的同时，在空中拉出彩色的烟，如同道道彩虹，绚丽多姿。之后是运动飞机做特技飞行表演，令人眼花缭乱。苏－27超声速战斗机安排在后面出场，以逐渐增加惊险刺激的程度，使表演进入高潮。

苏－27战斗机由乌克兰王牌飞行员驾驶。一位是一级试飞员，飞行了1900小时；另一位也是一级飞行员，飞行了2000小时。苏－27飞机是从低空出场的，引起观众的热烈欢呼。它以非常低的高度穿越观众上空，令人窒息。然后，飞机迅速拉高、翻滚。突然，它似乎静止，紧接着径直下冲，掠过树丛，几乎就是贴着地皮快速飞行。人们还以为这是飞行表演的组成部分，甚至还没有听见一声响声，飞机就擦过附近一架伊尔－76大型军用运输机前部，把它的机头撞得粉碎，而自己的机翼与地面摩擦，带起一连串尘土。

广角镜

空降兵

空降兵又称伞兵，主要是以空降到战场为作战方式，其特点是装备轻型化、高度机动化、兵员精锐化。一般独立建制为师级或旅级，直接隶属于军团一级或更高级别的指挥机构。

一位少年正在为飞机拍照，突然发现飞机冲了过来，本能地趴在地上。飞机从少年头上过去，尘土飞扬。等他睁开眼一看，立刻惊呆了：他的周围都是人们的尸体。他忽然明白，那些迟一些卧倒的人，没有一个活下来的，被飞机像割草机割草一样纷纷割断。刚刚还在欢声笑语的人们，刹那间，变成了半截子身体，有的只有两条腿，根本无法辨认。鲜血汩汩地从这些截断的人体流淌出来，到处都是鲜血、截断的人体和其他碎片，简直就是一个巨大的屠宰场。这个时候，飞机已经变成一团翻滚的火球，扑向观众区。人群当中，立刻冒出滚滚浓烟，然后就是熊熊烈火。

在短暂的震惊后，人们从呆怔中恢复过来，顿时陷入严重的混乱状态。许多人并不知道大祸已经结束，还有许多人实际上并没有明白过来究竟出了什么事。他们只能四下乱跑，互相拥挤和推攘，地上到处都是挤丢的鞋子、书报等物品，惊叫声、哭喊声和呻吟声混成一片。

拓展阅读

北 约

北大西洋公约组织，简称北约组织或北约，是美国与西欧、北美主要发达国家为实现防卫协作而建立的一个国际军事集团组织。北约拥有大量核武器和常规部队，是西方的重要军事力量。

军人和警察努力封锁现场，防止人们进入出事地点。但是与子女失散了的家长顾不上这些，一边呼叫孩子的名字，一边不顾一切地往里冲，与手拉手封锁现场的军警发生了冲突。军警也非常同情家长此刻的心情。家长们冲过了封锁线，疯狂地跑来跑去，在满地的尸首、残破的肢体和鲜血里寻找自己的孩子。救护车赶到现场，努力抢救伤员。活下来的人并不感觉庆幸。一位青年和同伴一起来看表演，可同伴全部罹难。他看着躺在草地上的好朋友，心里在发愁，怎么向他们的家长交代啊……

这次失误酿成了当前世界上最惨重的航展空难事故。在各家医院的走廊里，挤满了焦急地寻找失踪儿女的父母，数百名事故罹难者家属怀着万分悲痛的心情，等待法医的遗体鉴定结果。许多遗体被飞机爆炸的金属碎片肢解，给身份辨认工作带来极大困难。

苏－27飞机是前苏联原苏霍伊设计局研制的单座双发全天候空中优势重型战斗机。主要任务是国土防空、护航和海上巡逻等。北约组织给予它的绰号是"侧卫"。该机于 1969 年研制，1977 年首飞，1979 年批量生产。1989年，在法国巴黎航展上首次公开亮相。该机基本上沿袭了美国优秀战机 F－15 的式样，也采用翼身融合体概念，悬臂式单翼，翼根外弧形外缘边翼，双垂尾。该机以完成"普加乔夫眼镜蛇"机动动作而一举成名。在此之前，1987年 9 月，挪威派出一架 P－3B 反潜巡逻机，靠近前苏联海岸飞行。前苏联国土防空军派出苏－27 升空拦截，挪威飞机一见苏机离开，又恢复原状，继续贴前苏联海岸线飞行。苏－27 因此返回，但 P－3B 仍然不肯离开。于是苏－27 竟从 P－3B 机身下方穿过，用垂尾将P－3B的 4 号发动机舱割开，使之立刻停止。P－3B 知道了厉害，仓皇逃离。不过，苏－27 被用于出风头，屡屡肇事，尤其是图－144 超声速运输机的坠落。

　　乌克兰有关方面认为，乌克兰空军在飞行训练及本次飞行表演的组织工作中都存在严重疏漏。乌克兰空军总司令和 14 军司令涉嫌触犯刑法"因玩忽职守导致严重后果"条例，14 军副司令及其助理涉嫌触犯刑法"违反航空器使用规定并造成灾难和其他严重后果"等条例，可判处 5 ～ 15 年有期徒刑。上述 4 人随即被检察院拘留。

　　乌克兰空军其他高级官员认为，表演现场应该留有必要的安全空域，避

苏－27 和 P－3B

免发生重大伤害事故。从播放的电视画面来看，事故主要负责人应该是航空表演的组织者。按照乌克兰的规定，进行特技表演时，飞行高度不低于 400 米，表演区和观众区的距离不少于 300 米，禁止在观众头顶上低空飞行。乌克兰空军总司令在法庭调查时已经表态说，飞行员在飞行时违反了规定。飞行员与其说是失误，不如说是在逞能。

乌克兰总统签署命令，宣布 29 日为全国哀悼日。这一天，乌克兰全国各地降半旗，机关团体门前悬挂的国旗顶端还加系了黑纱带。最主要的街道也相当安静，不得不外出的行人都表情严肃。这个时候，最繁忙的地方要算教堂了，全国各地的教堂都在举行哀悼仪式，里面挤满了前来祈祷的群众。人们纷纷赶到坠机现场，点燃蜡烛，布置鲜花和花圈，寄托哀思。

为避免悲剧再次发生，总统在同一天签署总统令，禁止今后使用军用飞机或其他武器装备进行娱乐活动。政府还拨出专款，救助罹难者亲友料理后事。全国百姓和军人赶到当地医院和采血站献血。由于献血者太多，甚至需要通宵排队等候。

两位飞行员在飞机坠毁前一刹那成功弹射，死里逃生。他们是自己走出坠毁地点的，看起来没有受到严重伤害。他们表示是在毫无办法的情况下才决定弃机弹射的。这个决定十分及时，表现出他们精湛的飞行素养，只是，他们换取自己生命的代价过于沉重。

➡ 空中报复的代价

1988 年 12 月 21 日，又是一个圣诞节前夕，美国泛美航空公司已经进入节前最繁忙的运输飞行阶段，没有什么特别感觉。可是，这一天，却是公司噩梦的开始，并最终使这家美国著名航空公司走向衰亡。

　　早在两周前，美国驻芬兰赫尔辛基大使馆收到一个威胁电话通知说，他们将炸毁德国法兰克福与美国之间的美国航空公司的一个航班飞机。赫尔辛基是芬兰首都也是国内最大的城市，位于该国南方，濒临芬兰湾，由瑞典国王古斯塔夫斯一世于 1550 年创建，1640 年迁到现在的地址。1809 年，赫尔辛基随芬兰一道落入俄国统治之下，1812 年成为芬兰首都。1917 年，芬兰宣布独立后，基本保持安定状态。但是，也由于这个小国家与周围邻国和平共处，出入十分方便，这样的电话，无法有效追踪其来源。

　　美国联邦航空局为此发布了大众旅行通知，希望他们考虑或修改自己的旅程。可是，这样泛泛的"安全须知"也解决不了任何实际问题，人们还是需要旅行和工作，不可能因为这样的通知就停顿下来。对于恐怖分子来说，这可不是泛泛而谈，他们已经选定了目标，那个电话也不是声东击西。当然，他们的目标就是从伦敦起飞的泛美 103 航班。

　　整个计划还是相当周密的。恐怖分子虽然事先发出了威胁，但为了避免暴露计划，又能够最大限度地引起公众关注，对今后的电话威胁不得不信，他们采取了与印度航空公司 182 航班爆炸案同类的手法。泛美 103 航班不是直接从法兰克福机场始发，而是衔接了一个从那里过来的波音 727 航班。在这个航班上，只有 49 名旅客搭乘泛美 103 航班，前往美国。他们的行李在法兰克福机场已经检查过，在伦敦中转时，不需要再次安全检查。

　　泛美 103 航班已经有 194 名旅客和 16 名机组成员，加上这 49 位中转旅客，这架波音 747 飞机一共有 259 人。一个半小时后，飞机从伦敦希思罗国际机场起飞，返回美国纽约。40 分钟后，飞机进入正常的巡航高度，沿着 320 度航向平稳飞行。天色已经完全暗了，只有天边还有一点点光泽。不料，飞机前货舱左部发生强烈爆炸，当场炸毁了飞机。飞机残骸从高空洒落下来，物品和旅客遗体散落在一个非常宽广的范围，最大的一块残骸是一部分机翼和一段中央机身，坠落到洛克比郊区的舍伍德科瑞森特，还在地上砸出一个面积约 50 平方米、深度 10 米左右的大坑，并激烈燃烧。飞机上的人员和地面多人同时罹难，数十间建筑被毁。

拓展阅读

塑胶炸药

塑胶炸药，主要成分是聚异丁烯，用火药混合塑料制成，威力极大。它的名称由来是每个单分子结构里有 4 个碳，是一种高效的易爆炸药，它可以被碾成粉末状，能随意装在橡皮材料中，然后挤压成任何形状。如果外边附上黏着性材料，就可以安置在非常隐蔽的部位，像口香糖那样牢牢地黏附在上面，因此又被称为残酷"口香糖"。

空难发生一个星期后，英国当局宣布可以肯定是炸弹爆炸。在现场已经找到一种叫作塞姆汀的塑胶炸药成分，这是一种高能炸药成分。进一步检查发现，这个炸弹是安放在一台当时刚刚开始流行起来的便携式收录机里面的。这个收录机作为散件行李放在前货舱里。

爆炸分为两次。第一次炸开了容纳行李的集装箱，使飞机结构和附近蒙皮变形，接着就是第二次。第一次爆炸后的气体没有办法释放，在这个密闭的空间里形成了再次爆炸，把飞机蒙皮炸出了一个大洞，碎片飞扬，飞机附近部位和发动机都被打坏了。

这个大洞有 1.5 米宽、5 米长，位于主翼前端，同时造成主地板损坏。3 秒钟后，飞机前半部彻底解体，掉了下去。飞机失去了机头，激烈地摆动起来，翻滚着下坠。大约在 5800 米高度上时，飞机半截机身已经完全呈垂直俯冲状态，像竹筒倒豆子那样，把飞机里的物品和人甩了出来，从高空四下抛散。飞机的 4 台发动机在空中就与飞机分离了，后机身由于垂直撞地，像一个被砸扁的铁皮罐。一部分机身砸进了民宅，机头连同驾驶舱掉在 4 千米开外的山坡上，由于当时强大的西风，轻小的物品和人员遗体沿途散落，长达 130 多千米，惨不忍睹。

空难发生后，英国航空失事调查局的报告指出，虽然飞机放下了氧气罩，但没有证据显示飞机曾发出遇难呼号。由于爆炸破坏了飞行通讯中心、将飞行纪录仪的电力截断，因此即使机组人员对身边发生的事情作出反应，他们的行动并没有被记录下来。

747 客机的中心控制所有航行及通讯系统，位于驾驶舱下两层，和前货物舱只有一道隔板之隔。调查人员认为，爆炸力冲破这道隔板、冲击飞行控制线路，令机身的前面部分开始扭动、上下颠簸及偏航。这些突然而猛烈的移动将保护机身前段的加强带拍打左面一排的窗子，并令它开始脱离机身。与此同时，爆炸引起的冲击波打中机身后反弹回爆炸的方向，跟正在从爆炸中心发出的冲击波汇合，形成马赫波，在机身中来回反弹，随着空气调节喉管传至整个机身，机身断开。机身的前面部分脱离。乘客和机组人员被抛出冰冷的夜空。机身的主要部分仍然附在上面，被缚在座位上的乘客继续向前飞，直到机身插水式垂直下坠为止。

对于这次空难，有好几年时间，调查人员怀疑是否有内应牵涉恐怖计划，原因是他们相信，如果炸弹不是放在前货物舱而是在机上任何其他位置的话，这种相对较小的爆炸不会摧毁飞机。其他喷射客机试过在类似爆炸后安全着陆。最终的结论是，恐怖分子没有如此准确地放置炸弹；装有炸弹的行李箱被放在那里纯属不幸。

洛克比空难炸弹袭击夺去了多人生命。注满燃油的机翼撞上地面爆炸、在舍伍德新月广场形成一个巨坑，而上面原本有几间房屋却因损毁严重而须拆卸。调查人员找寻左机翼，最后发现它已经在火球中消失。住在那些被气化了的房子里的人，只在巨坑深处留下数以千计的家族照、圣诞卡与陶器的小碎片。飞机残骸遍布在一条长长的走廊地带上。

驾驶舱在苏格兰村庄中一间小教堂旁边的田野着陆，里面发现机师、高级副机师及一名机舱服务员。一个苏格兰公共调查法庭后来得知，那名机舱服务员被一名农夫的妻子发现时仍然生存，但她在救援到达前死亡。

检查验尸证据的法医威廉·G. 埃克特医生向苏格兰警方表示，他相信机师及其他多名乘客在炸弹爆炸后极可能在撞击时仍然生存。乘客当中无人有在爆炸中受伤的迹象。虽然遇难者可能已在 900 多米的高空上因缺氧而失去知觉，调查人员相信他们可能在落到氧含量较高的高度时重获知觉。

公共调查法庭在审理空难时得知，一位母亲被发现抱着她的婴儿、两个朋友握着对方的手、以及部分乘客紧握着十字架。埃克特医生告诉警方，机师拇指上的明显痕迹间接显示，他在飞机坠落时仍紧握操纵杆极可能在着陆时仍然生存。有 10 名乘客永远无法确认，他们其中 8 人被分配到机翼上的经济客位，相信他们在机翼着地、爆炸前附在机翼结构上。在头等舱及商务客位的乘客中，有一人是美国中央情报局官员马可·甘农，一人是临时调任美国国防情报局的陆军官员查理斯·麦基少校，以及两名分配给他们其中一人的保镖。麦基少校当时正从贝鲁特回国，相信他在当地参与找寻被恐怖组织真主党胁持的美国人质的行动。

◎ 定时炸弹

在随后两名被控告放置炸弹的利比亚人的审讯中，法官接受苏格兰警方所提供的证据：那个装有爆炸品的棕色硬手提箱，是马耳他航空航班 KM180 上另外托运的行李，由马耳他鲁卡机场运至法兰克福。它由 KM180 航班转至 PA103A 航班，再在希斯路机场转机。

　　调查人员推算，土制炸弹由 280 至 400 克塑胶炸药（可能是塞姆汀，一种捷克制的强力炸药）、一枚电池和一个电子计时器组成，藏在一部东芝收音录音机（可能是型号 RT－SF16）里。虽然找不到任何塑胶炸药，他们在相信是炸弹所在行李集装箱的金属碎片上，发现太安和黑索金。太安和黑索金是塑胶炸药（包括塞姆汀）的成分。

　　英国鉴证专家从一颗在洛克比找到的粒子及中央情报局提供的资料——从塞内加尔恐怖分子手上找到一批类似计时器，鉴定出炸弹的计时装置。中央情报局的资料帮助调查人员追溯出计时器的来源：一家位于苏黎世的瑞士生产商埃文·保利亚。人们在审讯中发现，保利亚在炸弹袭击前向一名利比亚情报官员售出二十个这类计时器。这些计时器的可设定时间是 1 分钟至 999 小时。

　　恐怖分子可能将引爆时间设定成让飞机在爱尔兰海消失，但当晚的强风令 PA103 航班迟了 30 分钟才飞越苏格兰北部上空而不是平时西面路线的爱尔兰上空。在陆地上空爆炸意味着调查人员可获得飞机残骸。数以百计的苏格兰警察在坠机地点进行地毯式搜索。他们接到的指令是："只要不是长在地上的东西也不是石头，就把它捡起来。"辛勤的搜索终有回报——一小块纤维里藏有残余炸药的碎布将调查方向指向利比亚。

　　英国鉴证专家确认在洛克比发现的蓝色 Babygro（婴儿连身套装品牌）碎片中含有炸药，显示它被装在放了炸弹的手提箱内。苏格兰探员根据标签追溯至一批送往马耳他斯利玛一家服装店"玛丽屋"的 Babygro。

　　1989 年 8 月，苏格兰探员飞往斯利玛会见服装店的老板东尼·高斯。高斯忆述，在炸弹袭击前两星期，他向一名貌似利比亚人、操利比亚口音的男子卖出那套 Babygro。

　　高斯清楚记得那宗买卖，因为那名顾客看来不大在乎他在买什么。他买了一件高斯老早就想甩掉的旧粗呢外套，还有其他不同款式、大小的物品。高斯还记得，在那位顾客临离开服装店时，外面开始下起雨来。他开玩笑地问那位利比亚顾客要不要还买把雨伞。结果他买了。

直觉驱使下，探员向高斯买了把雨伞；跟那名利比亚顾客所买的一模一样。他们将雨伞带回洛克比、与坠机地点找到的一把雨伞作比较。结果他们找到一把雨伞，跟高斯卖给他们那把一模一样。那把雨伞被火速送到政府鉴证实验室作检验。雨伞的纤维上含有那蓝色 Babygro 的痕迹，显示它们都曾经在放有炸弹的手提箱内。

浴血蓝天
——空军经典战役

空军战役是空军战役军团单独或在其他军种兵力协同下进行的战役，分为空中进攻战役、防空战役和空降战役。

空军战役军团或战役战术兵团单独或在其他军种、兵种协同下进行的战役，在现代战争中占有重要地位。随着航空兵器和防空兵器技术的发展，空军战役将对战役指挥、协同、部队素质和各种保障提出更高的要求，战役作战的成败在很大程度上将取决于整体力量的发挥。

德国军队闪击波兰，揭开了第二次世界大战的战幕；英美联军进行空降作战，成功地配合了诺曼底登陆……

◆ 最初的空战

1914年6月28日，波斯尼亚首府萨拉热窝，阳光明媚，一派节日景象。这一天，奥国皇位继承人弗兰茨·斐迪南来访，他此行的目的一方面是为了指挥一次军队演习，另外也想借此机会扩大皇室的影响，同时也能让皇储夫人索非娅享受一下皇室的尊荣，因为十多年来她一直深处宫中，很少有机会出现在公众面前。

全市奉命悬旗以迎皇储，人们拥集路旁，都想看看这位漂亮的皇储夫人，一睹芳容。上午十时，皇储夫妇从行辕进入市里，检阅地方军队后，坐车赴市政府的正式欢迎会。在他们的车中，还坐着波斯尼亚总督波多列克。总督热情地时时指点并说明可供玩赏的景物。

王储斐迪南是奥国军国主义分子首脑，他极力主张对塞尔维亚进行"预防性的战争"，所以一些塞尔维亚人对他早已恨之入骨。这次他的来访，正是刺杀他的绝好机会。萨拉热窝主要大街阿柏路，一边有店屋，一边是石砌矮堤，堤外是潺潺流动的小河，河上有三座桥。当车队驰进第一桥边，波多列克正请皇储眺望一座新营房时，行刺者贾白林诺维奇掏出炸弹，近前投掷。司机急忙加大马力冲过去，炸弹遂落于车后，并未爆炸。贾白林诺维奇越过矮墙，跃入河中。河水很浅，他立即被捕。此时皇储慌张地下车拾起炸弹，愤怒地扔往路旁。炸弹随即爆炸，车中一名官员和一些观众受了伤。而斐迪南却硬着头皮说："先生们，我们继续进行吧。"皇储故作镇静地命令汽车缓缓行进，好让观众看个明白。

市政府欢迎会后，为谨慎计，将原定行车路线改变，即循阿柏路直赴博物馆。车队走进第二桥头，第一辆车的司机不知路线改变，仍按原定路线折入右边小街；它后面就是皇储的座车，波多列克在车上叫道："走错了！沿阿柏路一直去！"司机略停一下以备转车。就是这片刻停顿，给予旁立等待的第二个行刺者普林西普以良机，他大步走近，连发两枪，一枪打中斐迪南的颈部，另一枪打中索非娅的腹部。奥国皇储夫妇就这样被刺死了。

帝国主义国家为了掠夺、重新分割和争霸世界，早就准备发动一场强盗战争。奥国皇储的被刺，正好给这群战争狂人以口实，奥国决定利用刺杀案为借口，对塞尔维亚发动战争。两国各有德国和俄国为后盾，德、俄、英、法等都着急实行帝国主义掠夺，并要把人民群众的视线从国内政治危机转移到对外战争。于是奥国皇储的遇刺，便成了第一次帝国主义世界大战的导火线。

世界大战的序幕一经揭开，各帝国主义国家的战争机器都紧张地开动起来，几百万军队分别在欧洲西部、中部、东部平原上，或蠕蠕步行，或车马飞驰，向着这一非正义战争的各条战线挺进。

战争的舞台主要是在陆地和海上。空军在大战之初，仅仅扮演一个非常次要的小角色。欧洲进入战争时，最多只有 375 架可用于战争的飞机。德国有 180 架适于执行观测任务的飞机，再加上 300 架教练机和 13 只齐伯林飞船。法国有 130 架，英国是 65 架。这些飞机不是为军用而设计的，没有武装，全都用木料和金属线制造，机翼和机身用涂上胶的布覆盖。只有不到 100 个军人懂得怎样飞行。航空军官提出支援地面部队，屡次遭到拒绝。侦察是骑兵的任务，骑兵们抱怨说，低飞飞机发动机的喧声，使他们的马受惊了！

尽管早在墨西哥革命战争期间，农民军曾雇用一名美国飞行员用手枪进行射击。这唤醒太空的第一次枪声，并没有使军事家们的头脑开窍。所以第一次大战初期，飞机上都没有装备武器，只是驾驶员随身带有武器。交战双方的飞机在空中相遇，飞行员们顶多挥挥拳头以示敌对。

最初的空战是用手枪射击，甚至用扔砖头的办法进行的。1914 年 9 月的一天，一位驾驶员认识到战争是残酷的。他拔出手枪，向一架飞过去的敌机射击。这一声枪响，似乎启发了飞行员的灵感。此后不久，双座飞机的法国观测员开始携带步枪，有时也偶尔带上几块砖头、投箭之类的东西去砸德机的螺旋桨，随后小炸弹、手榴弹也都搬到飞机上成了袭击对方的武器。

1914 年 8 月 5 日的一次"空战"更为有趣。俄国飞行员涅斯捷罗夫别出心裁地在自己的机身后部装了一把刀子，他在和一架飞艇相斗时，用这把刀子把飞艇的蒙皮剖开了。后来，他又决定在飞机尾部装一条带重锤的钢索，准备从敌机前飞过，用钢索把敌机的螺旋桨缠住。

在俄国军事飞行员中，有许多涅斯捷罗夫的追随者。上尉卡扎科夫就是其中一个。他采用了一个特别装置——"抓钩"，在飞机下部安装了一条钢索，在钢索的顶端安一活动"抓钩"，抓钩上还连着一个雷管。从敌机上方飞过，用抓钩将敌机钩住，在钩住的瞬间，使抓钩上的雷管爆炸，消灭敌机。

最初的空战，不是靠武器装备的优劣，而多半凭着飞行员的勇敢、机智、顽强的作风，用飞机去撞飞机也成了当时一种"战术"。1915 年 3 月 19 日，卡扎科夫飞经维斯拉河以西时，发现了一架德国"信天翁"号飞机，他悄悄地开始跟踪，并巧妙地把钢索拉开，用抓钩钩住了德机。"信天翁"拼命地想要摆脱对手，卡扎科夫哪里肯让到嘴边的"肥肉"溜掉，于是他决定把"信天翁"撞击下去，第一次进入，由于高度判断错误，没能撞成。紧接着第二次进入，又没成功。卡扎科夫火了，他一个下滑，用机轮狠狠地撞在笨重的"信天翁"机身上。两架飞机一起飞了几秒钟之后，卡扎科夫的飞机开始滑翔，受了伤的飞机直立着触在地上，幸好飞行员还活着，而德国的飞机却一头扎下去，轰隆一声，在地上摔个粉碎。

战争不仅加速了武器的研制，同时也开启着人们的聪明才智。在飞机上安装钢索的那个俄国飞行员涅斯捷罗夫，在最初的空战中为战斗机动的理论和实践作出了贡献。他研究了盘旋，确定了能保证飞机升力增加和不爬高、不下降，带坡度飞行的升力速度。

在以最大可能的坡度盘旋，即以最小半径盘旋（这在空战中是很重要的）时，涅斯捷罗夫发现了"舵面变换"现象，并警告飞行员们防止方向舵的不成比例的转动，证实了盘旋中只要简单地拉一下杆，就可以减小转弯半径。正是盘旋理论——水平战斗的"支柱"——使涅斯捷罗夫确信，如果有了足够的能量级，飞机就能进行垂直面上的机动。他成功地完成了后来成为垂直战斗特技基础的"死筋斗"。这一个战术动作帮助许多飞行员避免了在战斗的紧要关头坠入螺旋的危险。

原始的、甚至带有游戏性质的最初空战，随着飞机性能的提高和空战战术的出现很快就成为过去。当"福克式"飞机在天空中翱翔的时候，惊心动魄的空战序幕才真正地开启了。

◀👁 敦刻尔克的奇迹

1940 年 5 月 10 日，晨雾从法兰西的江河上向着葱郁的草地和鲜花盛开的果园弥漫开来，这是一个明媚的春日。然而就在这一天，一场可怕的战争风雨般猛烈地侵袭着欧洲大地。德国在侵占了丹麦、挪威，控制了波罗的海咽喉，取得从海上进攻英国的前哨基地之后，便对西方发动了闪电进攻。

战幕拉开了，呈现出一幅幅异常残酷惨烈的场面：

5 月 10 日 4 时许，德国空军突然猛炸荷兰、比利时、卢森堡三国机场，德国空降部队迅速夺取了重要桥梁、要塞和战略据点，毫无顾忌地将中立的荷、比、卢三国置于不宣而战的总体战狂涛之中。

5月11日，德国装甲部队穿过比利时南部多山和多森林的阿登地区。

5月14日，德军突破色当，越过马斯河，攻入法国，冯·克莱斯特将军的集团军长驱直入，喷吐着火舌的装甲车群像可怕的浪潮那样不断涌来，一批批弯翼的施图卡俯冲轰炸机咆哮着低空轰炸。傍晚，盟国空军企图阻止德军突破的尝试失败了。法国轰炸机队被消灭在地面上，出动的英国轰炸机队损失了60%。这一天，德国共出动战斗机814架次，在色当地区共击落盟军战斗机和轰炸机89架。

5月15日荷兰最高统帅率部投降。

5月16日上午10时，英远征军司令戈特奉命开始后撤。

5月27日，近40万英、法、比联军被逼困在敦刻尔克海岸地区，陷入绝境。28日比利时宣布停止抵抗。英国战时内阁决定实施代号叫作"发电机"的紧急撤退行动计划。

德国对英国的意图一清二楚，包围圈已经形成并不断紧缩。这时，纳粹空军头子戈林早已按捺不住了，难道在即将取得的重大胜利面前德国空军会袖手旁观吗？戈林握紧拳头敲打着圆形橡木桌面说："马上给我接元首的电话！"

一分钟以后，希特勒在附近的"石头城"统帅部里拿起了电话。

戈林请求说："元首，请让下官的空军去歼灭被包围在敦刻尔克的敌人吧！"

希特勒爽快地接受了这一请求。

最高统帅部作战局局长约德尔不愉快地说："戈林这家伙又在吹牛了。"

但是，戈林毫不退让，他说："这次就是要单独靠我们空军去解决战斗！"

敦刻尔克这个一千年来一直用作港口的古代城堡，此时成了一座"人间地狱"。英国决心把军队从欧洲大陆救回本土，其他通道已全被切断，退路只有这一条。为此，英国在这里使用了一切可用的力量，包括一直储备着的战斗机——最新式的喷火式马可ⅡA等，它们的飞行性能可以和德国Me–109式飞机相匹敌。一场殊死的空中较量在所难免了。

5月27日，鹰鸷般的德国施图卡机群几乎整天都在港区和海滩的上空盘旋俯冲。空中硝烟弥漫，地面火光冲天，15 000枚高爆炸弹和30 000枚燃烧弹把敦刻尔克变成废墟。

第二天，天气对德军不利，低重的云雾掺杂着烟尘，形成一道厚厚的屏障，从空中根本看不见城市，这一天敦刻尔克几乎没遭到轰炸。29日清晨，风急雨骤，直到中午雨幕才透出一丝光亮。14点以后，天开始转晴，德国空军好像要加倍夺回因天气造成的损失似的，又派遣了三个俯冲轰炸大队，向英国船队发起猛攻。15点22分，第二航空队也参加了战斗。他们都装备着空军所谓"神奇的轰炸机"Ju–88式俯冲轰炸机。这天下午，英国海军损失驱逐舰3艘，遭受重创7艘，"发电机作战"遇到最大的危机。此后的两天，由于大雾和下雨，德国空军停止了攻击。

6月1日，德国空军全面出击。德军轰炸机的庞大机队蜂拥而至，遮天蔽日。炮弹和炸弹四下呼啸爆炸，海滩、堤道和港口成了一片火海。英国空军进行了殊死的拼搏，凡是可以用来抗击德国空军的飞机——喷火式战斗机、旋风式战斗机、装有炮塔的双座无畏式战斗机，甚至落后的赫德森轰炸机、双翼箭鱼式鱼雷轰炸机及笨重的安森侦察机等，都从英国起飞参加空战。

6月4日，最后一艘满载着法国士兵的英舰希卡里号驶离敦刻尔克，德军坦克小心翼翼地爬入已成废墟的港口，英法两国指挥官一致同意"发电机"计划到此结束。

代价是惨重的。在撤退过程中，英国空军的180架飞机被击落。而德国空军遭受的损失更大，而且未能阻止登船行动。20万英国士兵和13万法国士兵虎口脱险，从敦刻尔克撤离，这不能不说是个"奇迹"。温斯顿·丘吉尔在下院报告敦刻尔克奇迹时，对议员们说："战争不是靠撤退来打赢的。但

是，在这次救援行动中却也包含着胜利，这一点应当予以注意。它是靠空
军赢得的……"

德军闪击波兰

1939 年 9 月 1 日凌晨，德国撕毁了"德波互不侵犯条约"，对波兰发动了
突然袭击。德国空军首先袭击了波兰的机场、交通枢纽、经济和行政中心；
德国陆军则分北、中、南三个战略方向越过波德边界，大举入侵波兰。从此
揭开了第二次世界大战的战幕。

9 月 1 日凌晨 4 时 45 分，德国空军首先对波兰的主要机场进行了大规模
袭击。第 4 轰炸机联队的第 1、第 3 两个大队 60 架 He－111 重型轰炸机从郎
根瑙起飞，在第 76 歼击机联队的第 1 大队 30 架 Me－110 飞机的掩护下，袭
击了克拉科夫机场。该联队的第 2 大队 30 架 He－111 飞机对伦贝格机场进行
了轰炸。第 1 轰炸机联队的第 1 大队突击了普特齐格—拉美尔海军基地，而
其第 2 大队则从波文登起飞突击了华沙的奥肯切航空港，严重地破坏了该航
空港的跑道和飞机工厂。接着，第 27 轰炸机联队的 90 架 He－111P 轰炸机又
对华沙进行了密集袭击。

德国空军对波兰机场突然而猛烈的袭击，并未达到一举消灭波兰空军的
目的，只是击毁了波兰空军一小部分飞机，因为大部分飞机在 8 月 31 日已经
转移到野战机场。

德国空军依仗其飞机在数量和质量上的绝对优势，很快便取得并掌握了
制空权。此后，德国空军除以部分兵力继续同波兰空军作战外，主要是破坏

波兰的铁路枢纽和主要交通干线，使波军难以机动，阻挠其供应；破坏波兰的主要通信线路，使波军指挥部失去对波军的指挥；轰炸重要的城镇和波军阵地，震撼和瓦解波兰军民的斗志。当波军撤退时，德空军则集中力量轰炸波军退路上的桥梁、渡口和退却纵队，实施空降，配合地面快速集群堵截和阻止波军后退，并加以分割和孤立。

为了攻占华沙，德军从 9 月 22 日起，开始对该市进行猛烈的空袭和炮击。9 月 27 日，150 架德机对华沙居民区进行了最野蛮的轰炸，使华沙变成一片废墟，军民死伤惨重。9 月 28 日，华沙守备部队被迫投降。至此，德国侵吞波兰的战争宣告结束。

Ju–87R–2 型飞机正在返航

在德国的"闪击战"中，装甲兵和航空兵显示了巨大的威力，达成了"闪击战"的突然性和快速性。在强大的空中力量的积极支援下，大量集中使用装甲部队和摩托化部队，仍是德军取得对波兰的"闪击战"胜利的主要条件之一。

◤▷ 不列颠空战

◉ 大战序幕

1940 年 7 月，德军开始了战前准备，航空兵部队从本土向法国、荷兰、比利时等国转场，前线机场的扩建，部队的调动集结，人员物资的补充，都需要时间。但德国空军不愿这样坐等，而是以小部分部队在进行战前准备的同时就开始了试探性的攻击。7 月 10 日起，德军以英国南部港口和英吉利海峡航行的船只为目标发动了攻击，德军有两项作战目的，一是了解英军防空能力，查明英国空军的部署；二是诱使英机出战，在空战中消耗英军力量。

英军由于在欧洲大陆消耗较大，需要休整补充，所以采取避战战略，只以小机群迎战，同时在空战中检验雷达引导截击的战术。

7 月 10 日至 8 月 12 日，德军共出动飞机五千余架次，投弹一千多吨，击沉英军几艘驱逐舰和十几艘运输船，德军有百余架飞机被击落，百余架飞机被击伤。英军也损失飞机百余架。总体而言，这一阶段作战完全是试探性的，且规模有限。

与此同时，德国空军指挥机关开始制订作战方案，7 月下旬，参战的主力部队第 2、第 3 航空队联合草拟了方案，7 月 29 日空军作战局对这一方案进行了研究，8 月 1 日第 2、第 3 航空队根据作战局的意见递交了修正方案，8 月 1 日德军签发了对英实施全面空袭的第十七号指令，8 月 2 日空军司令下达了空军作战指令，定于 8 月 10 日发起第一次大规模空袭，将以"鹰日"为这天的代号。

8 月初，德国空军为对英作战而集结的飞机已达二千余架，其中有以下战机：梅塞施米特－109 战斗机、梅塞施米特－110 战斗机、容克－87 俯冲轰炸机、容克－88、亨克尔－111 和道尼尔－17 轰炸

容克－87 俯冲轰炸机

机等。

8 月 10 日，英国南部地区天气非常恶劣，"鹰日"攻击被迫延期。

8 月 11 日和 8 月 12 日，天气依然没有好转，德军出动了部分飞机，攻击了英军雷达站，五个雷达站遭到严重破坏，一个被完全摧毁。由于德军主要轰炸雷达站的天线不是核心的控制室，英军能够迅速修复，德军无线电侦测部门又很快发现了雷达信号，认为攻击雷达站是毫无作用的，因此不久就终止了对雷达站的攻击，从而铸成大错。

◎ 鹰日

被大肆宣扬的"鹰日"攻击终于在 8 月 13 日开始，战争史上将 8 月 13 日至 8 月 23 日作为不列颠战役的第一阶段。德军在这一阶段主要目的就是消灭英国空军主力，由于德军飞机航程有限，所以攻击主要集中在英格兰南部，并企图尽可能在南部战斗中消耗英军力量，为以后攻击中部地区创造条件。德军除以战斗机掩护轰炸机突击英军机场外，还以战斗机组成游猎群，专门寻找英军战斗机空战。8 月 13 日，由于天气仍不理想，部分战斗机没有按计划起飞，开局显得有些混乱。德军全天投入一千余架次，白天突击英国南部七个机场，晚间则攻击英军飞机制造厂。英军出动了近千架次迎战，在波特兰和南安普敦的空战尤为激烈，德军有几十架飞机被击落，近百架被击伤，英军损失却很小，机场遭受的损失微不足道。

8 月 14 日，天气依旧是阴云密布，德军仅进行了小编队的零星袭击。

8 月 15 日，因为连日的恶劣天气，德军将各航空队司令召集起来举行军事会议，不料天气突然转晴，留守空军指挥部最高级别的军官第 2 航空队参谋长，以军人的责任果断下令出击，谁能想到这天竟然成为不列颠战役中德军出击规模最大的一天!

第2、第3航空队几乎是倾巢而出,第5航空队也首次派出飞机参战,这样德军从南北两个方向同时展开攻击。北面的第5航空队认为英军在东北地区防御比较空虚,加上受航程限制,只派出了梅塞施米特-110战斗机掩护亨克尔-111和容克-88,不料遭到英军第13大队七个中队近百架战斗机的迎头痛击,德军战斗机空中指挥第76战斗机团第1大队大队长还来不及调整飞行状态,就被击落。这支在德国空军享有盛名的精锐部队,在英机打击下损失惨重,被击落有梅塞施米特-110、亨克尔-111和容克-88等战斗机,战损率超过20%。

在英格兰南部的激战中,德军投入了近千架战斗机和六百多架轰炸机,发动了四个波次的空袭,猛烈轰炸了英军五个机场和四个飞机制造厂,英军先后投入二十二个战斗机中队,全力抗击。战斗一直持续到天黑,全天德军出动约两千架次,被击落近百架,英军出动近千架次,空战中损失几十架,还有二十余架轰炸机在地面被击毁,马特尔夏姆和林尼机场都遭到较大破坏。这天是不列颠之战开始以来最激烈的一天,被称为"黑色的星期四",按照双方的损失比例,德军仅凭借现有的数量优势,是难以消灭英国空军的。

8月16日,德军再次大举出动,但几乎没有取得什么战果。

8月17日,德军只有零星小机群进行了骚扰性的空袭。

8月18日,德军发动了强劲攻势,遭到英军顽强抗击,被击落71架,而英军仅损失27架。

8月19日,德军召开参谋长会议,总结前一阶段作战情况,决定接下来集中全力攻击英国空军主力第11大队的基地,并停止出动在战斗中损失惨重的容克－87俯冲轰炸机。

8月19日至23日，由于天气原因，空战暂停了五天。不列颠之战的第一阶段至此结束，在这一阶段，德军付出了被击落约四百架飞机的巨大代价，使英军十二个机场和七个飞机制造厂遭到不同程度破坏，六个雷达站一度失去作用，一个指挥中心被炸，一座弹药库和十座储油库被毁，但德军选择目标不集中，一定程度上分散了兵力，降低了突击效果，再加上英军顽强的抗击，没能达到预期目的。

从8月24日至9月6日，不列颠之战进入了关键的第二阶段，德军决定，对英军第11大队的主要基地和英格兰南部的飞机制造厂进行大规模空袭，在这两周时间里，德军每天出动飞机都在1000架次以上，其中8月30日和8月31日两天，更是达到了日均1600架次！轰炸一个波次接着一个波次，空战连着空战，在这决定性的阶段，英军飞行员由于一个多月以来一直处于高度紧张状态，有时一天就要出动几次，已经非常疲惫；另一方面空战伤亡总数占全部飞行员的四分之一，英国空军开始出现人员紧缺的困境，尤其是富有经验的飞行骨干大量伤亡，连一些年仅二十岁左右的青年就已经算是老手了。就在这样严峻的局面下，英军依旧没有动用保留在北部纵深地区的280架飞机的后备力量，这种战略受到了前线艰苦奋战将士的谴责和后方待命将士的抱怨。尽管如此，英军依然在顽强苦战，有些飞行员一天出动几次，保持着高昂的士气，甚至在9月6日英军的出动架次竟然超过了德军！地勤人员夜以继日地维护保养、抢修受伤的飞机，体力精力都达到了极限，很多人在工作中晕倒。8月24日至9月6日，英军有295架飞机被击落，171架被重创，而同一时间里英国生产出的新飞机加上修复的飞机总数只有269架，英国空军已经是元气大伤！更严重的是英国南部最重要的5个机场都遭到严重破坏，英国空军最重要的指挥中枢——地下扇形指挥中心根据雷达站、地面防空观察哨和空中作战的飞行员发回的敌情报告，进行综合分析评估，再用无线电指挥空中的战斗机作战，德军通过无线电监听截获了指挥中心与飞行员之间的通话，意识到这些指挥中心的重要性，便全力攻击这些指挥中心，在南部地区和伦敦附近的 7 个指挥中心有 6 个被摧毁！英国空军的指挥和通信系统已经到了崩溃的边缘，照这样发展下去，英国空军很快就会失去抵抗的力量！而德军在数量上的优势开始逐步发挥出来，在这两周里，德军损失了 214 架战斗机和 138 架轰炸机，但还有足够的力量继续发动攻势。就在英军遭到无法长期承受的巨大损失，即将陷入崩溃的边缘的时候，德军却突然改变了战术，不再攻击英军的机场和指挥中心，转而对伦敦实施大规模空袭，不列颠之战由此进入了第三阶段。

这一改变完全是因为一个偶然事件，8 月 24 日 12 架迷航的德军轰炸机飞临伦敦，在市中心投下了炸弹。8 月 25 日根据丘吉尔首相的指示，英国空军出动 81 架轰炸机空袭柏林，作为"回报"。尽管空袭造成的物质损失微乎其微，但在心理上极大地震撼了德国！8 月 28 日夜和 8 月 31 日夜英军又两次空袭柏林，使柏林市民真切地体会到战争。德军叫嚣要彻底毁灭伦敦！9 月 3 日，德军召开了参谋长会议，决定从 9 月 7 日起攻击重点转为伦敦。9 月 4 日，希特勒在演讲中声称将以夜袭来"回报"夜袭，英国人投下 1000 千克炸弹，德国空军将要以十倍、百倍甚至千倍的炸弹去"回报"！

实际上，德军对伦敦的空袭 8 月底就已经开始。9 月 6 日晚，德军出动 68 架轰炸机首次有计划地轰炸伦敦。

9 月 7 日，德军对伦敦的大规模空袭终于开始。黄昏时分，德军第 2 航空队 625 架轰炸机和 648 架战斗机飞越海峡，飞向伦敦。英军没有料到德军会空袭伦敦，起飞拦截的战斗机扑了空，德机向伦敦投下了 300 吨炸弹和燃烧弹。入夜后，又有 250 架德机来袭，伦敦没有夜航战斗机，夜间防空只能依靠高射炮和探照灯，空袭从晚上八时一直持续到清晨，伦敦有 1300 多处起火，很多街区成为一片火海。次日天亮后，阳光都无法穿透伦敦上空浓厚的黑烟！德军对伦敦实施的大规模空袭，企图以摧毁城区的残暴轰炸，使英国屈服。然而，英国人民在如此

伦敦大轰炸

惨重的损失下，没有屈服，相反更激起了对纳粹暴政的仇恨和战斗的决心！

　　从 9 月 7 日起，一连七天，德军对伦敦不分白天黑夜地实施了大规模空袭，使伦敦蒙受了巨大的人员财产损失。但这损失并没有白费！英国空军得到了至为宝贵的喘息之机，迅速恢复战斗力。此外，英国空军指挥序列也有所变动，英国空军肯定了大编队作战方式。

◎ 转折点

　　9 月 15 日，经过调整和补充，英国空军先后出动了 19 个中队 300 余架战斗机，迎战前往伦敦的德军 200 架轰炸机和 600 架战斗机组成的大机群。激烈的空战持续了整整一天，在英军英勇抗击下，很多德机漫无目的地投下炸弹，匆匆返航。全天有 56 架德机被击落，其中有 34 架轰炸机，另还有 12 架在返航和着陆途中伤重坠毁，还有 80 架飞机是带着满身的弹痕着陆，英军在

喷火式战斗机

空战中损失 20 架"飓风"和 6 架"喷火"，还有 7 架伤重报废。这天是不列颠空战的转折点，德国空军终于意识到，并没有掌握英国南部的制空权，并不能够在白天进行为所欲为的空袭，英国空军不但没有被消灭，而且还很强大！英国首相亲临第 11 大队的指挥中心督战，他将这天称为世界空战史上前所未有的、最为激烈的一天！战后，英国就将 9 月 15 日定为不列颠空战日，以纪念这一辉煌胜利！

◎ 胜利日

随着德军进攻前苏联的开始，德国空军主力转往前苏联战场，对英国的战略空袭也终于停止。人类战争史上最惊心动魄的大空战——不列颠之战终告结束。

英国空军挽救了英国！英国首相丘吉尔在日后的演讲中赞誉英国空军道："在人类战争历史上，从来没有这么多人从这么少的人那里得到这么多！"

诺曼底空降

1944 年 6 月 6 日，为了配合诺曼底登陆战役，美英联军在登陆前进行了一次空降作战。这次空降作战，破坏了敌军防御的稳定性，牵制了德军预备队的机动，使德军处于被动应付局面，为美英登陆部队上陆和向纵深发起进攻创造了有利条件。

　　参加此次作战的有：美空降兵第 82 师、第 101 师和英空降兵第 6 师。各空降兵师均编为突击、后续和海运 3 个梯队。突击梯队由伞兵团组成，规定于 6 月 6 日登陆前 4～5 小时空降，后续梯队由滑翔机步兵团组成，计划于 6 日黄昏空降；海运梯队包括坦克、推土机、卡车及其他重装备，预定于登陆场巩固后海运上陆。

　　美空降兵第 101 师由伞兵第 501 团、502 团、506 团约 6500 人组成突击梯队，预定在卡朗坦以北空降，任务是夺取圣马丁·特伐拉维尔、波普维尔地区，控制 1、2、3、4 号海滩通路，保障美第 7 军登陆，尔后向南进攻，占领卡朗坦。

　　美空降兵第 82 师由伞兵第 505 团、507 团、508 团约 6400 人组成突击梯队，其任务是在圣曼·伊格里斯以西空降，歼灭圣曼·伊格里斯、勃凡斯·邦拉佩地区的德军，保障美第 7 军通过梅特勒河，尔后在该军的左翼发起进攻。

诺曼底登陆中的盟军空降兵

　　英空降兵第 6 师由第 3 旅、第 5 旅约 4300 余人组成突击梯队，其任务是在冈城东北空降，夺取克恩运河、奥恩河和杜佛河上的桥梁，切断德军预备队向海岸开进的道路，摧毁奥恩河口两侧地区的德军炮兵阵地及海岸防御枢纽，支援英军登陆部队登陆。

知识小链接

无线电干扰

　　无线电干扰是指无线电通信过程中发生的，导致有用信号接收质量下降、损害或者阻碍的状态及事实。无线电干扰信号主要是通过直接耦合或者间接耦合方式进入接收设备信道或者系统的电磁能量，它可以对无线电通信所需接收信号的接收产生影响，导致性能下降、质量恶化、信息误差或者丢失，甚至阻断了通信的进行。通常说无用的无线电信号引起有用无线电信号接收质量下降或者损害的事实，被称为无线电干扰。

　　空降前 3 小时开始进行直接航空火力准备。美英空军出动各型轰炸机 4500 架次，轰炸德军海岸防御设施和海岸炮兵阵地，由于受恶劣天气影响，命中率差，投弹 1 万余吨仅起到压制作用。空降开始，又以 24 架飞机在英吉利海峡上空对德军实施无线电干扰。

　　6 月 5 日，3 个空降兵师共派出 26 架运输机（每架载 1 个空降引导组，每组约 13 人）于 22 时起飞，6 日零时 16 分空降。除美军空降兵第 82 师 2 个团的引导组被德军消灭和英军空降兵第 6 师一个组未在预定空降地区设置引导信号外，其余各组均完成了任务。

　　6 月 5 日 23 时，3 个空降师的突击梯队约 1.33 万人，乘 1200 余架运输机从英国起飞，飞向空降地域。整个空降于 6 日 1 时开始，2 时 40 分结束。各空降师战斗简况如下：

　　美军空降兵第 82 师的突击梯队，在圣曼·伊格里斯地区和梅特勒河两岸空降，着陆后遭到德军猛烈抗击，伤亡甚重。该师第 505 团第 1 营所乘飞机偏离目标，着陆后兵力极为分散，又遇德军抗击，未能完成预定任务。第 2 营着陆后只集合了一半人员，无法完成预定任务，被派往支援第 3 营。第 3

营着陆后迅速集合了 3/4 的兵力，在第 2 营的支援下，利用夜色，向圣曼·伊格里斯发起进攻，于 6 日拂晓前占领了该镇，并切断了与瑟堡的交通干线和电信联系。该师第 507 和第 508 团原定在梅特勒河以西、杜佛河以北的三角地带空降，因引导分队被德军消灭，空降场无标志，多数伞兵降落在梅特勒河两岸沼泽地内，部分人员被淹死，大部分装备被淹没；加上风大，伞兵摔伤很多，战斗力锐减，未能完成预定任务。该师后续梯队，由 52 架飞机牵引的滑翔机载运 220 人和装备，于 6 日 2 时起飞，由于云厚和德军地面炮火射击，有一半滑翔机未在预定地区着陆。下午，176 架滑翔机，载运 1174 人和装备，因预定着陆场被德军占领，改降另一地区。6 日日终，第 82 师集合兵力约 2000 人，仅占领了圣曼·伊格里斯，未能完成师的全部任务。

美空降兵第 101 师的突击梯队，分别在圣马丁·特伐拉维尔、圣玛利·杜蒙、圣高姆·杜蒙地区空降。伞兵第 501 团的第 3 营和第 506 团的第 3 营均在德军的反空降地区安哥维尔·奥普兰南侧着陆，伤亡惨重。第 1 营部分兵力在团长带领下夺取杜佛河桥梁后，前进受阻，转入防御。第 2 营集合了大部分兵力向圣高姆·杜蒙方向进攻，遭敌攻击后，向卡朗坦水闸靠拢，为德军火力封锁，被迫在培斯·阿特维尔转入防御。第 506 团第 3 营经过激战，占领了勒波特两侧的两座大桥。该师第 502 团大部分未降落在预定地区。第 2 营一天都消耗在集合和寻找人员上，未能参加战斗。第 1 营着陆后，集合小部分兵力在赫特福纳尔和福卡维尔北侧，阻击向登陆场开进的德军预备队。只有第 3 营发展较顺利，于 6 日 7 时 30 分控制了第 3、第 4 号通路，13 时与登陆部队第 7 军会合。该师第 506 团，着陆非常分散，在 81 架运输机中只有 10 架的人员在预定的地区空降，着陆后又遇德军抵抗，至下午才夺取了第 1、第 2 号通路，完成了预定任务。

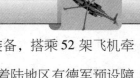

　　该师后续梯队，第1批150人及防坦克炮和其他装备，搭乘52架飞机牵引的52架滑翔机，于6日1时19分起飞，4时降落。着陆地区有德军预设障碍物，部分滑翔机被损坏。随后，第2批157人及补给品分乘32架飞机牵引的32架滑翔机着陆。

　　6日日终，第101师共集合约2500人，攻占了第1、第2、第3、第4号海滩通路，并与美军登陆部队第7军会合。

　　英军空降兵第6师突击梯队的先遣分队，先行空降占领克恩运河和奥恩河两座大桥，随后第3、第5旅开始空降。第3旅的任务是夺取默维尔地区的德军炮兵阵地和杜佛河上的桥梁及公路交叉点。第9营由于乘坐的部分运输机把杜佛河误认为奥恩河，将伞兵空降在偏离空降场较远的地方，结果只集合起150人，经过激战，占领了默维尔地区的德军炮兵阵地。第7、第8营破坏了杜佛河上的4座桥梁，切断了德军预备队向海岸开进的道路。第5旅空降散布面也很大，着陆后集合的人员不到60%，夺取了奥恩河和克恩运河上的两座桥梁，并在该地组织防御。该师后续梯队493人和装备，分乘98架滑翔机在拂晓前开始空降，途中遭到大风和密云，有20架滑翔机拖绳折断；黄昏时，有256架滑翔机载运补给品，在预定地区着陆；夜间，又有4批滑翔机载运货物着陆。

　　第6师着陆后，仅遇少数德军抵抗，在空降分散的情况下完成预定任务，当天下午与英第2集团军会合。诺曼底登陆取得胜利。